U0046474

預約實用知識，延伸出版價值

品牌成長的7道修煉

陳其華——著

CONTENTS

第四道功法

營運管理

……

第五道功法

持續成長

第六道功法
獲利突破

第七道功法
逆境轉型

推薦序

創業路上，不可或缺的武功祕笈

吳佰鴻／台北市企管顧問職業工會理事長、諾浩文創科技董事長

台灣的中小企業總家數，超過一百四十萬家，占全體企業百分之九七．七三。但根據經濟部中小企業處的統計資料顯示，中小企業平均存活壽命僅有七到十三年，多數新創事業在第一年就面臨倒閉的危機。

創業到底是夢想，還是幻想？

坊間很多大學企管系教授，都是企管博士，對於「產銷人發財」企管理論瞭若指掌，可以侃侃而談，但是如果自己創辦企業，就不一定保證順利了。

多年來，有很多中南部企業家來我的公司「艾美普訓練」進修，他們事業成功後，還想來訓練自我的表達能力。除此之外，共同的問題

是，當第二代要接班時，不知如何傳達經營的訣竅，因為當年第一代企業家都是用土法煉鋼的方法，放在現代多元化的環境已不適用。

陳其華顧問是我的前輩，學經歷非常豐富，曾經擔任企管顧問協會祕書長，一路協助很多中小企業成長與茁壯。

我有幸在二〇一三年和他共同籌組台北市企管顧問職業工會，籌備過程中耗費非常多心血，他希望能夠打造一個可以養成卓越企管顧問，且能讓他們持續精進的環境。成立之後，他非常謙虛，屈就副理事長，他說理事長行政庶務工作繁忙，他其實想花更多的時間，打造一個更優質的平台。

我很敬佩他，市場上懂得企管理論，又有實務經驗，還願意傳承的人真的很少。其華擁有滿腔熱情，是少數願意為社會貢獻的優秀顧問之一。

這本著作《品牌成長的7道修煉：打破停滯×逆境轉型×獲利突破，成功布局未來》，把多數企業遭遇的問題困難點一一探討，並且給予解方。就像是有機會獲得絕世武功祕笈，讀完後可以功力大增！

身為兼任創業協會理事長，我非常推薦這本書，不論你的企業正要起步，還是你已經在創業的路上，不知道未來的方向；甚至想要規劃第二代接班，讓企業可以持續傳承的企業主們，都推薦你來研讀這本書。

經營事業可能沒有標準的模版，但是有解決問題的心法。破除困難、創立新局、再創巔峰，應該是每個企業主都想做的事情。

創業的路上，我們一起加油！

推薦序

台灣從隱形冠軍到品牌王國不是夢

許添財／財團法人商業發展研究院董事長

企業經營策略專家陳其華先生新著《品牌成長的7道修煉》是當前台灣企業「轉型」與「接班」關鍵時刻的成功祕訣，也是台灣經濟要擺脫依賴陷阱，結束長期成長遲滯夢魘的不二法門，乃樂於為之推薦作序。

台灣經濟代工製造起家，從生產代工（OEM）到設計代工（ODM），從傳統精於製造進化到設計甚至研發，但頂多也只是品牌代理。「隱形冠軍」雖不難發現，「自創品牌」（OBM）卻相對稀少，更談不上「整合元件製造」（IDM）。長期充當國際價格的「接受者」（taker）賺取微利，而不是價格的訂定者（maker）。只在紅海浮沉打滾，末見藍海乘風破浪。個別企業不斷降低成本，演變成「台灣接單，海外生產」，總體經濟因此長期喪失應有就業機會，生產力與薪資也連帶低落，內需裹足不前，個體企業的研發投資更缺誘因與動能。關鍵就在民間企業能否從自創品牌、開發系統與布局市場，讓製造與服務相輔相成良性循環，不斷升級一躍成為高成長、高所得的先進國家。

既然有隱形冠軍，那麼自創品牌本不該有困難。陳其華先生這本專著提供了品牌成長不可或缺的七道功法，也貫穿了成功企業家應有的領導力、組織力、分析力、執行力、整合力、服務力、創新力等修煉要訣。

成功品牌是商品形象、生產技術、品質保證、營運模式、企業精神、消費者信賴與文化影響的綜合代名詞，更是營造企業個體、消費者大眾與國家社會三贏的核心要素。

從個別品牌來看，我最近訪問了太平洋自行車，發現它的單價已有高達新台幣五十萬元者，且年年開發新品，營收不斷成長，顯然未受中國紅色供應鏈崛起與世界反中國傾銷風潮的衝擊。

我所服務的國家智庫「財團法人商業發展研究院」，二〇一八年十月底的一場「進擊新南向，擁抱大市場，東協印度國際論壇」中，有兩位經營品牌成功者現身說法，利用商研院多年所累積的東協採購人脈網絡及東協消費者偏好型態資料庫，讓他們順利接到訂單，打開市場。

一是一片面膜就可賣到五十歐元的國強生技，其面膜賣進LVMH集團旗下通路絲芙蘭（Sephora）及法國彩妝連鎖通路品牌Marionnaud等世界二十幾國高端美妝市場，透過商研院的協助也順利對接上東協兩大通路絲芙蘭與Century，成功卡位新興市場。董事長張家福說：自創品牌的毛利可是代工的十倍之多，若不自創品牌，即使能從ＯＥＭ轉型為ＯＤＭ，其結果還是常被客戶一腳踢開。

另一是展綠科技，其「綠能智慧錶」可即刻偵測各種設備用品的用電狀況，用戶隨時可依據網路傳輸到手機來的數據有效調控用電量。這智慧化產品在打入泰國、柬埔寨市場之後，更透過商研院「優平方案」的協助，而能與日立新加坡東南亞總部簽訂合約。

顯然地，藉自創品牌轉型升級追求永續經營，在今天的台灣已非過去想像中困難。陳其華著《品牌成長的7道修煉》可為有志者開啟成功入門，企業必要時可再善用智庫的各種資源協助。台灣是個地理座標，台灣企業卻可將自己的商業座標有效轉移到世界任何利基市場。

推薦序

突破產業困境，找到事業發展的光明之路

賴正鎰／中華民國全國商業總會理事長

服務業是攸關百姓生活的重大產業領域，對經濟發展與就業人口的影響都是舉足輕重。臺灣服務業占國家的整體GDP比重，已達六成五以上。一般來說，會概分為生產服務業與消費服務業。前者，專門提供企業有關的生產、行銷、管理等服務。後者，則提供能增進一般民眾生活品質的服務。中華民國全國商業總會多年來，一直肩負商業服務業的長期發展重任。

台灣服務業在台灣長期成熟的經濟環境中，已經擁有許多優質的民間企業。服務業的核心是人，更需要創新商業模式、服務與營運流程、科技運用與人才培訓的專業know-how。服務業也是極具國際化發展潛力

的領域，搭上品牌、資本與科技的羽翼，更可以在國際市場飛揚發展。

台灣在近年來面臨國際景氣不佳，政治與經濟雙重限制下，服務業發展的環境變得日益險峻。因此，服務業廠商的經營實力提升，是個刻不容緩的重大議題。不但要整合產業資源與資金，介接國際市場的發展商機，更要提升服務業企業經營者擁有跟上時代的經營競爭實力。

本書作者陳其華顧問依據多年的產業實戰經歷與輔導經驗，從輔導企業的經驗中淬煉出一套系統方法。內容包括CEO修煉、戰略思維、組織領導、營運管理、持續成長、獲利突破與逆境轉型等七大功法的修煉。並提示企業要能成長發展，該關注與建構的部分，包括CEO成長、經營企劃、目標客群、行銷能力、新品研發、業務開發與企業體質等七大項。本書內容不但完整，且極具系統化架構。

陳其華顧問現亦為中華民國全國商業總會BAC品牌創新服務加速中心的品牌團團長，在連鎖品牌的事業經營上，擁有極高的專業輔導能力與口碑。在加速中心成立以來，對服務業的發展貢獻頗大。這本《品牌成長的7項修煉》新書，亦已列為加速中心會員的學習指定用書。

若你想突破產業困境，找到事業發展的光明之路，本書是你不該錯過的經典好書。讓我們共同努力，提升台灣服務業的價值與實力，更期許未來能在國際市場上發光發熱。讓我們一起潮進亞洲，鏈接世界，重回世界經濟的關鍵舞台。

自序

成長，是企業的大事。外在的市場商機與內在的核心競爭力，是成長的基本動力來源。創業五年內活不下去的企業，大部分是因為經營團隊能力與企業實力，無法支撐企業持續發展，進入成長期。管理理論上，將企業成長過程定義了「企業生命週期」，也就是孕育期、創業期、成長期、成熟期與衰退期。

而傳統企業若要轉型或內部創新，也可能遇上無法再次成長的困境與問題：營業收入無法穩定、團隊沒成形、產品在市場的接受度不夠廣、缺乏穩定的市場掌握，種種難關接踵而來。無論是創業期、企業剛成長起來或是傳產企業轉型，都彷彿在刀尖上跳舞。一方面要努力控制平衡感，另一方面稍有不慎便會墜落谷底，進退兩難。

匯聚多年的產業實戰、顧問輔導與政府委員資歷，在個人深思熟慮後，建立起一套系統化的教戰守則。從調整策略、組織與營運管理到創新再造，教你如何打磨好經營者與企業體質，以正確的觀念、知識與方法，帶領團隊打破停滯的獲利。企業經營者若能練好這套修煉功法，自然就容易一步步在成長期站穩。

這套系統方法，共分為七道修煉功法，底下再細分成三十五

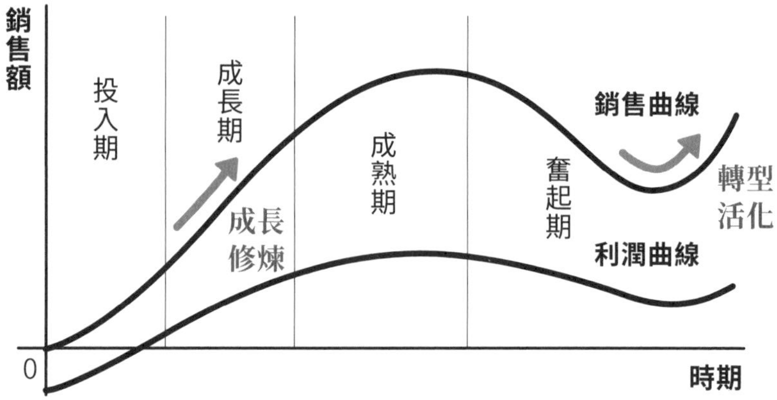

道關卡，從創業期要跨入成長期，經營者需要掌握第一至第四道功法，順利的話請跳到第五道功法，倘若不順利，請研讀第六道至第七道功法：

第一道功法：CEO修煉

企業的方向、目標與決策，都需要CEO的大腦，甚至可以說，CEO決定了中小企業百分之八十的成敗。培養膽識與知識、養成正確的好習慣，調整好自己，並能帶領團隊成長，才能引導企業走上成功之途。

第二道功法：戰略思維

創業到現在都是摸著石頭過河，但未來可行不通了。你需要站在制高點，找到自己的優勢舞台與定位，根據企業的核心能力與資源，建立起一套完整的解決方案，如此便能改變內外局勢，累積籌碼，抓準時機逐步完成目標或解決問題。

第三道功法：組織領導

組織架構要如何設計才能集中團隊的力量，讓每個員工發揮長才？找到對的領導人才、打造良好公司文化、藉由教育訓練傳遞企業理念與培養專業技能，才能驅策團隊發揮潛能。

第四道功法：營運管理

企業該如何有效營運？其實關鍵都藏在簡單裡。善用對的方法、建立對的制度、掌握對的資訊，並懂得將複雜簡單化。在積極負責的企業文化下，貫徹執行，才是真正有效營運管理的關鍵。

第五道功法：持續成長

品牌要不斷往上成長發展，需要天時、地利與人和的好條件。學會評估風險與商機，整合資源與策略結盟，且能激勵對的團隊。經營者需要智慧清明，不被經營盲點所困惑，讓企業得以持續順利的站在成長市場的風口。

第六道功法：獲利突破

獲利，是經營者對客戶、員工與股東都該負的重大責任。市場不斷在變，自然企業就需要面臨不斷產生的問題與困難。無論過去有多成功，經營者永遠需要持續不斷反省與思考，如何突破限制，創造企業穩定成長的獲利。

第七道功法：逆境轉型

環境不景氣、決策錯誤或市場失利，面對這些挫折與壓力，經營者的心態該如何因應？掌握正確的逆境思維，落實開展對目標有意義與價值的行動，借力使力重新帶動企業成長，讓企業再次逆境重生。

——

本書上述內容，經綜合歸納後，企業要能成長發展，該關注與建構的部分，如下頁表格。

這些觀念對大多數的創業者、小企業與成長期的企業都適用。也可作為傳統企業轉型、轉投資或創新發展的參考依據。本書內容，除了經營者該熟讀了解之外，建議也讓團隊成員能共同修煉這七道功法。相信對企業成長獲利的提升，必有重大的助益。

重點	摘要
CEO成長	創新、策略、布局、整合、領導
經營企劃	成長策略、商業模式、核心能力、目標管理
目標客群	穩定需求、規模客群、客群經營
行銷能力	品牌形象、市場定位、行銷活動
新品研發	市場掌握、具競爭力的產品組合
業務開發	銷售通路、業務團隊、銷售管理
企業體質	企業文化、運營團隊、管理制度 、人才培訓、資訊科技、財務管理

第一道
功法

CEO修煉

7

實力〈習慣〈人脈〈修煉〈學習

第1關〈企業和領導者，該關注哪些實力？

「市場有人開始模仿我們的產品概念了，品質沒我們好，但價錢低一大截。不但也參加跟我們相同的會展，聽說下個月還會在通路上開始鋪貨。」

「行銷部門的經理上個月剛離開，那兩家直營門市的店長也要走了。也才來不到半年，這對我們的市場拓展穩定度影響很大。」

「雖然看起來每個月營收進來的現金都不少，但怎麼到處都要花錢啊？要新導入的ERP[1]真的不便宜，新聘的這些高階幕僚主管的工資也不低啊。」

Albert是這家公司的CEO，在今天的輔導會議上，跟陳顧問提出了一堆眼前的大問題。他跟創業股東在這幾年來的辛苦努力之下，總算把公司打下一些基礎。但最近Albert卻發現有點力不從心。產品品質似乎很不穩定，看似營業額不斷提高，卻不時有客訴發生。除了團隊人才的流動率增加，新開發產品的上市表現，也並不順利。

很多同業都很羡慕他們的發展，但他心底知道，自己公司體質虛弱且外強中乾。他很擔心在這樣表面成長的風光下，萬一環境有了重大變動，公司的體質調整不過來，該怎麼辦？該如何提升企業的競爭力呢？

1 ERP：企業資源規劃（enterprise resource planning），指建立在資訊技術基礎上，以系統化的管理思想，為企業決策層及員工提供決策運行手段的管理平台。

企業的實力

根據哈佛大學教授約瑟夫・奈爾（Joseph Nye）指出，企業的實力概分兩種，一種是指軟實力，如企業品牌、企業文化、管理制度、領導能力、創新能力與社會責任等等。一種是硬實力，也就是企業用以直接支持市場行為、可量化的物質要素，如門市、中央廚房、廠房、資本、人力、產量、收入與利潤等等。

而軟實力是企業以直接訴諸心靈的方式吸引或說服他人，進而達成目標。對外，掌握企業利益相關方的心靈，如客戶、通路與供應商；對內，則依靠運用員工心智能量以

企業的實力	
硬實力	如門市、中央廚房、廠房、資本、人力、產量、收入與利潤等等要素。
軟實力	如企業品牌、企業文化、管理制度、領導能力、創新能力與社會責任等等。

達到企業目標的能力。**硬實力是讓軟實力發揮作用的基礎，而軟實力的提升又能夠維持、增強與延續硬實力**。二者相輔相成，缺一不可。

真正有市場真價值的實力，是你花大錢都未必能打造出來的東西！競爭者可以花大錢買到多數的硬實力，但軟實力卻具有無形且難以複製的價值。有些軟實力甚至是難以言喻的「天時」，這是老天爺給的恩賜與機運。更需要資源投入、時間累積及眾人的心力與智慧！

CEO該關注的實力

真正的實力，才是企業競爭力的基礎。**在企業還沒做強做大之前，「經營者」的實力，幾乎決定了百分之八十以上的企業經營成敗關鍵**。不少創業者，在創業初期成功後，往往

CEO五大實力
1、修煉你自己
2、建立堅強團隊
3、掌握成長市場
4、打造企業好體質
5、CEO決策能力

忽略了這五項應該要刻意培養的實力。

一、修煉你自己

要深度了解自己，知道自己的能與不能。知道哪裡是自己的優勢舞台，知道如何掌握跳上舞台的機會。也要認清哪裡是自己的短處，才知道要找哪種人才來跟你互補共贏。要懂得領導人，也要懂得管理事。堅持、毅力與耐心，是CEO重要的心理素質。格局、高度與包容，更是CEO發展未來的基本根基。

二、建立堅強團隊

一群優秀人才需要一起在困難中磨練，才有機會去累積信任，形成優秀團隊。CEO要多花時間去尋才選才，揚長避短去用才。比馬，不如賽馬。優秀的人才，都來自競爭與困難之中。領導魅力，其實就是一種人格特質與群眾影響力，可展現出經營者對理念與理想的堅持、對人性的了解與願意承擔責任的勇氣。

三、掌握成長市場

支撐企業存在發展價值的動能，來自於市場。你的產品或服務，面對的傳統市場基本組成，是客戶、競爭者、下游通路與上游供應商。企業必須依賴著掌握市場的能力，靠顧客購買而產生的利潤滋養，才得以不斷成長。所以你必須建立好掌握市場情報商機的機制，並建立好接觸客戶，不斷創造營收獲利的能力。

四、打造企業好體質

CEO要讓企業可以在一套營運管理制度下，正確且穩定的運作。這套營運機制要包括對內對外，對人與事的制度、流程、表格與IT系統，以及本身特有的一些工作方法等等。真正好的制度，是從企業內部分階段逐漸長出來的。就算是管理專家或專業顧問，多數也只能定位在規劃、培訓與指導。企業整體的營運規則與基礎運轉的方式，必須CEO親自帶著團隊來定。

五、CEO決策能力

決策，決定下一步該做什麼或不做什麼。CEO的決策，在積極替企業尋找任何可行的發展機會，建立成長的動能，包括業績、人才、資金、資源、供應商、通路與合作夥伴等等。也要有能力在決策中去管理風險，用最低成本與可控風險去掌握商機，並藉以反省與改善企業的體質與實力。

顧問提醒

實力，代表市場競爭力，也代表能贏得客戶選擇的能力。無論景氣好壞與否，都必須要時刻累積自己的實力。實力，才是企業持續成長的基本。

第2關 經營者需要培養哪些好習慣？

「半年前，在公司開會時，突然暈倒不醒。後來同事緊急把我送去急診，總算搶救回來了。我現在已經改了很多習慣，早睡早起，定時運動。非必要的應酬都不去，吃東西也懂得節制。」擁有超過百人規模公司的劉董感概說道。

「沒關係啦，這是舉手之勞。我們認識那麼久了，你還跟我客氣什麼？好啦，那下個月再安排個下午時間喝杯咖啡聊聊。吃飯就不必了，大家都忙啊。」朋友總是老的好，長期的互信互助，對已屆中年的劉總，心中感觸更是良多。

「這個計畫書，根本沒有抓到重點。光是這樣花俏的品牌活動，無法突破市場的現有競爭狀況。」高學歷、但沒業務實戰經驗又自傲的Jeff，總是抓不準老闆要的東西，讓劉老闆好幾次想把他換掉。

在顧問事業十多年的經歷中，觀察諸多事業成功的經營者，在做人、做事與生活上，普遍都有基本的好習慣。日常生活上，注重健康飲食，定時閱讀學習，懂得放鬆思考；工作時，會找方法、懂合作、抓效益。

做事的好習慣

高手做事，不僅工作效率高，還能效益十足。不會做事的呆鳥，則是每天忙茫盲，到處滅火，勞累又沒成果。高手處理事情習慣先聚焦、集中注意力，優先專注於完成最重要的事。深知時間有限，懂得在一堆混亂中，快速有效的做出取捨。

在優先重要的目標導向中，關鍵的事情先做。了解市場上的真價值是什麼，隨時掌握最有效快速的達成方法。懂得授權人才，藉由團隊力量完成工作。**我們無法管理時間的長度，卻可以提高時間價值的密度。**懂得授權團隊，並找到合適的外部合作夥伴，做事才會事半功倍。

要有科學化思維，凡事要先掌握事實，能假設發展變數。在深度思考分析後，找到最適切的解決方法與途徑。深明「大道至簡」的意涵，分析抽絲剝繭，做法直接有效。成功經營者的實力，來自於在實戰中積累的好習慣。

做人的好習慣

商場上做事不順，多數跟做人有關。菜鳥與呆鳥往往都忽略了，做事要專業，重點在於做人要專業。**大多數的專業問題，都是人的問題。**成功經營者，都有著樂觀積極的做人好習慣，掌握人性本質，更知道如何廣結善緣。

同理心，是一門人生大功課。看似簡單，卻極為不易。立場不同，利益就會不同。要設身處地的幫客戶想、幫廠商想、幫員工想且幫股東想。但，你不是他，如何真正的了解掌握對方的想法？其實，當你夠了解你自己時，加上包容的同理心，你就容易了解別人了。利他，才會利己。

優秀經營者的社交活動，會選擇跟好人、努力且優秀的人相處生活。為人謙沖以對，有大心胸與大格局。知道認識多少人或是認識誰，其實沒那麼重要。真正重要的前提是：你是誰。你的實力，就已經決定了你在社交人脈中的地位。

生活的好習慣

不少所謂成功的商業領袖，都有著無窮無盡的應酬、吃飯與喝酒。但多數表面上的成功，都是拿健康換來的。真正成功的經營者，都會定期運動、作息正常，不熬夜且少飯局。健康的身體與心理，是成功人生的重要基礎。

成功經營者更擁有良好的學習習慣，無論再忙，都會撥空給有價值的演講或研討會。日常也都有大量閱讀的好習慣，在短短幾個小時或一本好書中，就可以吸收到講者或作者多年累積下來的深刻功力，具有極高的投資報酬率。

做事

1. 掌握市場價值
2. 聚焦關鍵要事
3. 授權團隊夥伴
4. 大道至簡直接

做人

1. 為人樂觀積極
2. 做人廣結善緣
3. 利他才會利己
4. 實力大過人脈

生活

1. 閱讀學習精進
2. 少應酬多健康
3. 好作息多運動
4. 外圓內方智慧

太會做人，多半做事不牢靠。太會做事，做人往往卻很難搞。為人，要用心圓融。做事，要專業認真。外圓內方，好習慣都是修煉出來的。**在經驗中，才會出智慧。在實踐中，方能見真理。**

顧問提醒

成功的定義，因人而異。成功的方法，也有無數條途徑。但，其中有一條恆常不變的路，就是：擁有好習慣者，也就能擁有好事業跟好人生。

第3關 人脈就是錢脈？經營者的三大人脈觀

經過朋友引薦，劉總來找我做企業診斷，在訪談之後，才發現西裝筆挺的劉總是兩個社團的資深狂熱社員，更是高爾夫球社的常客。雖然開了一台進口好車，但其實財務狀況並不佳。貸款與借款已經累積好幾百萬，連家裡的房子都拿去抵押了。

May的新公司大概創立不到兩年，她總是把「人脈就是錢脈」這句話掛在嘴邊，每月行程滿檔，多數時間都在創業社團裡經營人際關係。但，這陣子產業景氣不好，加上她的創業項目已經不是政策寵兒，她的小公司業績更是直直往下掉。

汽車維修保養廠張老闆的兒子最近轉做汽車產險業務，回來吵著說要買一套高爾夫球具，原因是資深同事都是靠打高爾夫來做生意的。一週更有一半以上的晚上都在陪客戶打球、吃飯應酬。黑手背景的老爸質疑，現在的業績都要靠應酬才能簽嗎？

「人脈就是錢脈」？你也這樣認為嗎？其實，有實力者的人脈，才會是真正的長期錢脈。否則，只是「相交滿天下，知心能幾人」啊。

經營人脈要點

1. 廣結善緣，量力而為
2. 專注目標，累積實力
3. 人脈深長，信任無價

要點一：累積實力

「多認識一個朋友，就多一條路。」不少市場業務或是小老闆，常把這句話掛在嘴上。經營人脈，需要付出該有的代價，包括時間、成本與精力。**要適度衡量自己的能力，應多花時間與精神專注在專業領域，成為真正有價值與實力的人。**

沒有夠豐富、足以交換的資源與條件，真的很難累積有效益的長期人脈。每個人都想攀上比自己更強、更厲害的人脈，但請問：憑什麼？你想要，別人也想要啊。為什麼對方要先滿足你？好人脈是吸引來的，是長期累積信任來的。

你跟你的企業實力是市場很缺的嗎？有多少人需要你？你能解決什麼問題？多快達到什麼成效？你的實力是穩定且可以信任的嗎？專業的人，會在意並珍惜自己的時間資源與精力，專注在重要的目標上。更知道如何取捨，並學會如何說「不」。

要點二：廣結善緣

厲害的經營者，往往看人都是看長看遠，時間可以看清且看透一個人。你想靠好人脈不勞而獲？想得到貴人幫助，一步登天？天助自助者。真正的貴人，往往只願意幫助值得幫助的人。也只願意把機會給值得擁有的人。你夠資格嗎？

「人情帳戶」或「人脈存摺」，其實不算是專業經營人脈的好觀念。在幫助對方時，心中已經預設立場：這份人情存進帳戶裡，哪天你需要提領時，對方就有義務還給你。若對方沒還呢？這觀念就像是，要借錢給別人，就別想著對方會還錢。不然，就不要借。

哪天有機會，對方還了這個人情，那就算賺到。若是沒還，對方也沒有對不起你。要有這樣的正面心態，在商場上用心經營的人群網絡關係，才會有真正長久的意義。若能順手幫一把，能順水推舟就別小氣。但若對方真不討你喜歡，也別勉強自己。

要點三：人脈深長

實力，是人脈的核心基礎。有實力，才會有高的交換與利用價值。

但太常被使用、或是很多人都具備的實力，自然也就不會有太高的價值。「物以稀為貴」的觀念，在人脈經營上，一樣適用。珍惜善用你的價值，就會有很高的人脈價值。

你的時間、精力與心力都很有限，無法去照顧無邊無際的種子與幼苗。每個果園都要去耕耘，哪能結出什麼好果子？要重質不重量。有實力的人，往往只幫值得幫的人。有實力的人，會欣賞也有實力的人。至少，你得是個很努力的人。

錦上添花，沒太多意義。若行有餘力，可以考慮雪中送炭，但別老是想要別人無償來幫你，憑什麼？大雪紛飛中，對方為什麼要冒雪外出，無償送炭給你？多的炭火，不能留著自己慢慢燒嗎？換作是你，也會那麼輕易大方？天助自助者，真的！

顧問提醒

人生起伏，世事難料。
現在你在高位，但哪天你可能會下來，對方也可能會上去。
謙沖以對，實力為要。切記！

第4關 為突破困局，經營者必經的考驗

許久未見的老友Kevin，一天中午突然來電，約我碰面聊聊。擇日不如撞日，當天下午就約到貴婦百貨喝咖啡。碰面時，他開著他的大賓士來。愛車夠大，不過幾年不見，他的身形也龐大不少。

年輕時白手起家，創辦了這家製造銷售空調設備的公司，多年下來，也算行業裡的前三名了。敘舊了一會兒，Kevin喝了一大口咖啡後，突然長嘆一口氣說：「Ray，都老朋友了。不瞞你說，我最近的壓力大到都快想跳樓啦。要拜託你這大顧問了，我到底該怎麼辦？」一瞬

間，現場氣氛變得有點沉悶。

原來，他最近轉型投資的電商平台，營業業績跟預期差得太多，資金撐得很辛苦。雪上加霜的是，團隊跟專業經理人之間常爭吵不斷，連老班底都有人離開。看著老友斑白的雙鬢、哀怨的表情，只能用一句話來形容他現在的樣子：「高處不勝寒」！

優秀經營者要懂得掌控自己的慾望，有足夠大的格局、視野與能力，去支撐自己的企圖心。懂得孤獨，也能享受一個人的孤寂。在謙卑中學習，在無常中樂觀。持續修煉自己，努力經營企業，讓自己與企業能一同成長與突破。

高處不勝寒

以前當員工，很多事情是老闆說了算。反正天塌下來，有老闆頂著。有時雖無奈，卻也是幸福。現在當老闆，職位頂到天了，在公司裡，幾乎是你說了算。是權力，是責任，也是孤寂。在組織裡，彼此都是利害關係人，情義利之間，往往真假難分。到底是為自己還是為公司，往往有模糊中的爭議。

創業前擔心怎麼做選擇，要頭痛如何選股東、選商品、選通路、選團隊、選供貨商、選技術，連選客戶都是大學問。創業稍有成就、企業有持續小成長後，市場變化快，競爭也大。在市場狀況起伏之際，沒有穩定的客源與營收之前，經營者的壓力怎會不大？

收入擴張後，又得開始擔心企業體質不好。環境競爭更激烈了，前有領先者，後有挑戰者。整體營運穩定後，要提防剛嶄露頭角的競爭者，更怕手邊的大客戶被搶走。角色不同，責任不同。之所以成為經營者的原因，其實很簡單，就是最終經營責任歸你扛。

膽識與自信

菜鳥經營者的自信，往往來自於自戀。成功經營者的自信，卻來自於自強。從一無所知，卻相信自己的自戀菜鳥，到奔馳商場、真槍實彈累積經驗的自信老鳥，你是哪一種經營者？

做生意，最難在經營者的膽識，也就是需要膽量與知識。知識容易，花錢就有。但要想別人不敢想的事，走別人沒看到的路，做別人認為會失敗的事，就不容易了。在對的機會上，願意冒險一試，承擔風險。這是責任、榮譽與自我實現的問題，不是光靠嘴巴說說就可以。

有膽識的經營者知道，盡信書，不如無書。除了當個實踐者，也要嘗試冒險，不被過去成功或失敗的框架限制，不斷地尋找機會，打破自己的框架。經營者在企業的成長過程中，伴隨著持續的創新、變革與轉型，甚至要主動引發變革之火，不當被煮熟的青蛙。

成長與突破

企業外部環境的改變從未停過，從創業第一天開始迄今皆是如此。大環境變，客戶變，競爭者也變。往往經營者還以為自己是唯一沒變的，但在物換星移、每天忙於事業的過程中，沒有守好該有的原則與理念，自己早已跟著變了。至於是成長，或是落後，連經營者自己也沒察覺到。

要不斷突破現狀，經營者需要不斷成長。知識理論的學習，只是基本。**最有效的學習，是在逆境中的突破**。從挑戰滿足客戶開始，不斷的與產業高手實戰對招，在市場競爭的勝敗間，才能真正精進。不只專業知識的學習，經營者更需要修煉自己的心。堅持且強韌的心，是經營者突破

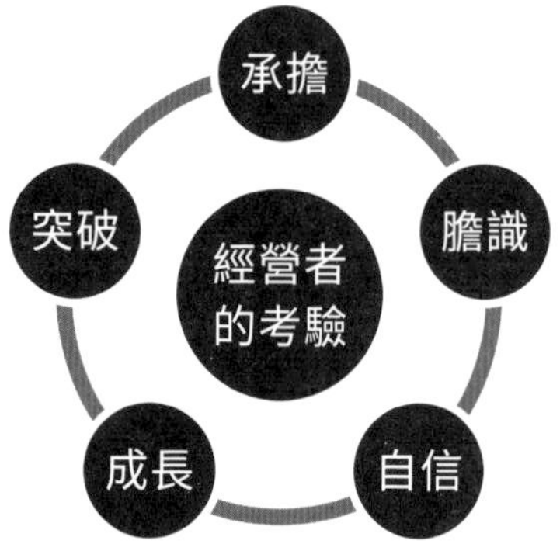

市場現況的利器。

事業突破的最有效方法，是「超車」，要比競爭者與客戶還更了解客戶。經營者成長的最快方式，是挑戰「困難」的目標。不斷尋找機會，管好風險。把困難抛到腦袋，快速地往前走。專注目標，集中資源，全力以赴。飆車，超車，只要能超越更多「困難」的車，你的經營實力自然更厚實強壯。

顧問提醒

經營不易，當一個優秀的經營者，更不易。每天都有壓力，每天也都有機會。每天都有困難，每天也都有希望。

經營者，請在挑戰中成長，更要在行動中修煉！

第5關 難在歸零，貴在持續修煉的學習之途

初見張總Judy，有點驚訝她的年輕。白手起家，才三十歲出頭，保養得宜，穿著年輕。沒經人介紹，還以為她是店長，沒想到已經是四十家輕食連鎖店的經營者。

「好累哦，在這半年來，公司品牌還授權到馬來西亞。沒想到，簽約收錢後，才是惡夢的開始。」Judy嘆了一口氣，慢慢說出她心中的痛。「以前我只懂開店賣東西做服務，現在還需要想市場行銷、成長策略、品牌國際化、提升團隊、資訊財會、生產物流、開發新產品、海外

授權與商標智財等等。」

「原來的團隊成長速度慢，高薪聘來的主管留不住，最後還是要我自己想辦法。老師，有更快更有效的學習方式嗎？你可以來公司擔任顧問指導我嗎？」公司員工及會受到連帶影響的家庭，對她有著不可言喻的社會責任與壓力。現在企業只能成長，別說倒，她連休息或退後都不行。

趕鴨子上架

多數老闆，都是當了老闆，才開始學當老闆。頂到公司的天了，不管決策對錯，經營者都要承擔風險。每天決策時，憑經驗、憑知識、更憑專業，但卻心驚膽跳，對錯也不知道。明知沒信心，都要給自己找信心。

將帥無能，累死三軍。**通常一家公司的員工有問題，其實多數都是經營者有問題**。該學習、該受訓的，其實是經營者，經營者比員工更需要學習。不管你用什麼方法，經營者都需要讓自己更成長茁壯，才能有效應付客戶的改變與市場的競爭狀況。

現在早已是資訊氾濫的時代，經營者更需要聚焦並選擇如何學習和成長。多數經營者，往往是發生問題與困擾時，才發現自己不足，始有學習的動機。但通常發覺問題時，問題可能早已大到不易根除。此時，想出來的解決方案與執行策略，鐵定風險連連。

學習多元化

光念ＭＢＡ，空有武林祕笈與滿身筋肉，就算給你倚天劍或屠龍刀，只要沒有內功，一碰到高手過招，往往撐不過一時半刻。在實戰經驗中體悟，從客戶與競爭者身上學習，這是讓經營者快速把經驗內化成內功的好方法。

客戶是最好的指導老師，從客戶的眼睛與體驗來學習。體會客戶的購買行為、生活習性、不便與需求，讀懂他們腦袋中對你與競爭者的定位。更要了解深藏潛意識裡，客戶自己都不易察覺的需求與購買習慣。競爭者是你可敬的對手，可以「引以為鑑」，或是「有為者亦若是」。前輩的經驗最珍貴，但也別陷入行規，僵化你的腦袋。

優秀導師或貴人的引導與教導，是能引領自我啟發的學習好方式。因著企業現在與未來發展的需求，從不同的角度與方向，引導你的觀念與思維。在現況問題案例發生的當下，除了提供你寶貴的參考經驗之外，更能討論激盪出可能的解決方向與可行方案。

最難與最重

經營之路，沒有百分之百順遂，你總會碰到困難。逆境與挫折，帶來的內心衝突與成長，是經營者心靈修煉的最好老師。成功時，要能不驕不傲，戒慎恐懼的努力經營。失敗，卻能鍛鍊你的心智與心靈。在面對未來任何挑戰，能讓你更堅強、勇敢且堅持。**失敗學，其實才是經營**

者最重要的必修學分。

經營心法，很難速成。需要時間內化，才能讓你掌握創造價值的重點與方法，擁有自己獨有的經營學。要背水一戰與置之死地而後生，或者留得青山在，不怕沒材燒，這兩種方式思路不同，沒有對錯，決定在你的經營哲學。

學習要儘早，尤其是經營思考的方法，與人性商業本質的掌握。往往當經營者發現問題時，企業早已錯過先機，喪失競爭力。未來無限、挑戰無限。理解過去的行規後，就要打破行規，創新價值。**經營者心靈的力量，難在歸零，貴在持續修煉。**

顧問提醒

經營者學習的難，難在把一杯水倒空，難在內心的修煉。你的學習之途，將編寫出你獨有的生命經營故事！

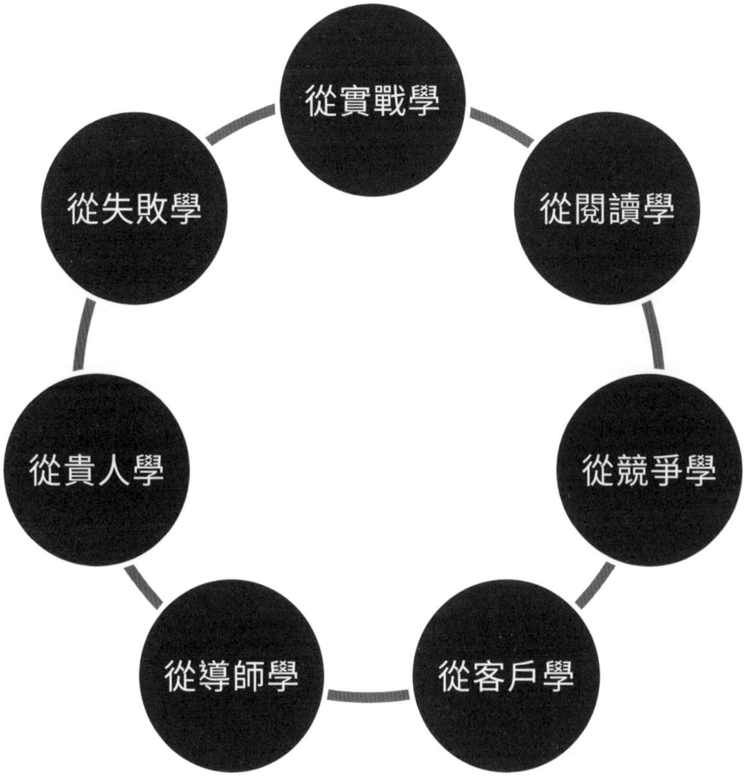
從實戰學
從閱讀學
從競爭學
從客戶學
從導師學
從貴人學
從失敗學

第二道
功法

戰略思維

7

策略〈預測〈決策〈時間〈財務

第6關
成長停滯了，該如何設定對的策略？

「創業到現在，好不容易都撐過五年了。但是公司的營業額就停滯在這裡，不上不下的，一直成長不起來，壓力真的很大呀！顧問，我們該怎樣才能持續發展？」劉董在諮詢時，眉頭深鎖著。最近這一個月為了想出未來發展策略，不但壓力大還睡不好覺。

「我們公司雖然創業才三年多，這幾年也開始接了不少訂單，業績終於有了起色，但卻總是起伏不定。運氣好時，就訂單多，忙得要命。運氣不好就單少，連員工的士氣也受到影響，變得沉悶。」農業新秀的Nina，產品得過獎，也引來不少企業訂單的青睞。

企業要存活，整體一定要持續成長發展。企業成長需要有正確的策略思維，知道正確的目標、方向與做法，而不是每天像無頭蒼蠅一樣，到處亂飛亂撞。**成就＝目標×策略×努力**。目標跟策略若不明確清晰，再辛苦拚命，也是虛耗一場。

策略的擬定，是為了有效地達成目標、解決問題。創業初期，每天都是摸著石頭過河。當企業從創業期跨到成長期時，建立一個能成長獲利的企業體質，並釐清未來發展的正確策略，變得極為重要。

策略布局

要描述策略，可用很傳神的一句話：「站對山頭，勝過拳頭。」這是指你要看透環境，衡外情與量己力，把你的強項放到對的優勢舞台去發揮，才能達到最大的成長效益。就像站上一個自動快速向上的手扶梯一樣，能讓企業在耗損最小的情況下，借力使力去更有效地快速成長發展。

策略，多是由某個經營問題出發，期望找出核心問題與目標以後，再提出一套完整的解決方案。也就是說，在未來環境變動與限制條件中，找到新的生存空間或資源整合的機會，並透過企業的核心能力與資源，有效地達成對企業有利的「局勢」。

好的策略布局，需要掌握企業內外的天時、地利與人和變數，更需要掌握時間醞釀後的環境局勢變化。對的策略執行前，需要針對市場、技術、資源與財務進行可行性評估。之後，再好好地落實策略執行力，累積籌碼，建立優勢，逐步達成期望目標並解決問題。

成長的發展策略

在成長期，要再三確認一下目標客群，有多少比例是嘗鮮客戶。要真的是有穩定需求與規模的客群，才有足夠的成長市場去支撐你企業的未來發展。企業在此時，要發展業務穩定開發與經營的能力。這包括外部行銷活動、銷售通路或業務團隊。

此外，產品線不能過度開發。別因客戶的單一或短暫需求，而胡亂擴增產品。搞得自己的產品與業務主軸，被客戶牽著鼻子走，像個沒特色的雜貨店一樣。要根據品牌形象、市場定位與核心能力，去增刪你的產品組合，發展有競爭力的產品特色組合。

好策略的企業體質

好的企業體質，才能創造足以支撐偉大策略與穩定成長的營收。成長過程中，你的組織發展一不小心就容易變成胖虛弱。企業體質不好，無法支撐市場發展的需求，更無法擁有長期市場競爭力。該從團隊、文化與管理制度，這三個面向去建立企業基本體質。

好策略，需要好團隊跟領導者去落實。人對了，事就容易對。跟賺錢有直接相關的人事比重分配上，要多過後勤管理。領導人要讓團隊成員有能力攻守兼具，建立積極、正向與堅持的理念。企業文化的塑造初期，多數都是領導者以身作則，帶動整個組織的企業文化。

管理制度包括辦法、規定、流程、表格、IT系統的建立，主要讓員工清楚工作職務與權責關係，讓日常工作流程都有所依據，再逐步將整個制度資訊科技化，提升管理效率。但請別為了管理而做管理，要保有彈性，興利重於防弊。

策略精句

1. 找對人，做對事。
2. 讓事情容易被做對。
3. 站對山頭，勝過拳頭。
4. 好策略，要配好體質。
5. 少，就是多。

顧問提醒

策略，就是要做對的事，並讓事情容易被做對。有好策略，更需要有好的領導者與好的企業體質。策略，其實看起來簡單，卻真的很不簡單。

第7關

要怎麼預測人心與市場脈動？

「老師，這個產品你覺得可不可以做？有沒有市場？」

「老師，這些客戶會不會買？這個市場未來發展好不好？」

「老師，這個店開在這裡，會不會賺錢？」

「老師……」

老祖宗說，做生意首重天時、地利與人和。地利資源，易分析判斷。人心，卻是複雜難懂。天威，更是深不可測。很多經營者為了提高生意成功的機率，寧信鬼神，不信自己與團隊。風水、八字、紫微、星座、手相與面相，都是部分經營者的最愛，卻也是不可說破的秘密。

預測，是經營中很難的挑戰。每個分析都有理，正反面也都能說得頭頭是道。一個事件發生，你說好，我說壞，其實對錯都難說。立場不同、利益不同或承擔的風險不同時，自然看法不同。商場經營上，任何預測只有等到事實發生，由經營成敗來決斷了。

預測的重要性

沒有預測，經營很難規劃，更難決策。企業日常營運中，樣樣都需要預測，以有效協助管理者規劃未來的資源與人力投入，並能預估合理的產出。經營者，從創業前就開始在預測了。不論把事業集團做到多龐大，還是逃不了預測。

預測市場，不然你要怎麼決定做什麼生意？企業做大做強的依據在哪？

預測客戶，不然依據什麼開發產品？滿足客戶需求？

預測競爭者，不然貴公司到時怎麼死的，你可能都還想不通。

預測收入，不然如何搞定產銷協調、規劃庫存？如何做好資金管理？

預測員工，不然如何引發動機，激勵團隊？

無論理論與實務，預測都牽扯到風險與成本效益的評估。一個事件發生或某個產品大賣，也許會成為長期趨勢，可以追高；也有可能只是短暫流行，必須保守看待。這往往也讓經營者與行銷企劃人員耗費心力，想破腦袋。

科學算命師難當

預測很難。我們往往用過去推估未來，但未來變化又快又大，產業移轉速度更快。人性多元，人心更多變，如何預測？馬斯洛的需求層級理論，這只能算基本概念。人性如果能那麼容易結構分析預測，那天下真的沒有難做的生意了。

人，往往是事實發生了，再去找理由去解釋事實。人會理性地想要改變，卻依舊依循著習慣在生活。人心有七情「喜怒憂懼愛憎欲」與六慾「眼耳鼻舌身意」，還能更進一步探討潛意識與習慣領域。**企業經營的變數中，最難了解的是人，最難處理的也是人。**

心理學、社會學、社會心理學、人類文化學，都是圍繞在人的問題上。人是群體的動物，高度不理性，自我意識極強，卻又彼此相依相關，相互拉扯。人心，往往是高度的測不準。經營者只有在實戰中，去鍛鍊右腦的經驗直覺，加上臨場的判斷與快速反應，才能打贏市場。

預測的實務

如何預測？該學統計，用歷史數據與數學模型推估未來；還是學算命，擺風水，求神保佑；或是讀個社會學博士，掌握群體變數與模組？你該相信哪一個？行業的業種業態都是人定的，在學術與政府思維上，都是歸納學。**經營企業，其實是演繹學，不要被框死，要回到消費者身上。**

預測，人性是底層。要以消費者為中心，順著消費者的購買行為軌跡去思考對策。要觀察現在，但也要鳥瞰未來。媒體資訊只能參考，不能盡信。行規與經驗，往往是傳統產業的成功之處，卻也是新興行業的戰敗之處。

預測，經營者往往需要遵循現場主義，去觀察人事物的變動

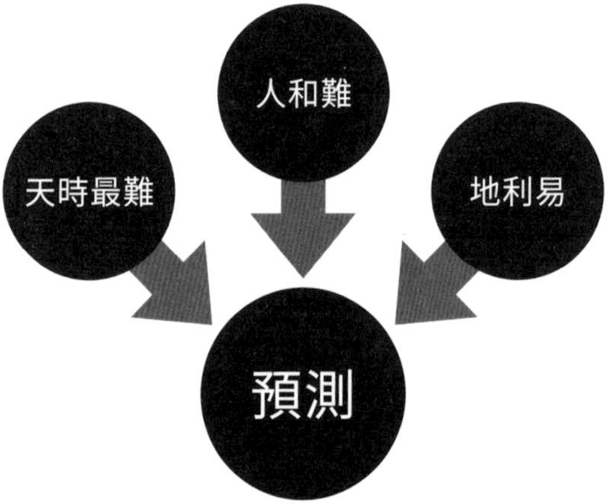

軌跡。有紀律的觀察，不帶太多情感，不陷入主觀的不理性。優秀的經營者，懂得解讀市場情報，建立假設。善用創新與布局，來塑造預期的條件與可能的情境。並以行動與事實驗證，理性地決策下一步。

顧問提醒

預測未來，還不如主動創造未來。相信命運，還不如主動運轉你的命運。

第8關

決策帶來的是機會還是風險？

業務部張經理哀怨地對同事說：「每次一個合作案子要等總經理下決定，都要拖很久。他不決策，我怎麼往下做呢？」、「萬一拖到最後，到時他還怪我事情進度太慢，沒績效。哎，真是無言啊！」

張經理花了很多心思在這個異業合作的市場開發案子上，知道公司也必須要投資在這次的合作案，但做生意哪有百分之百穩贏的？他就是搞不懂這個新上任的劉總經理在想什麼。

劉總是一家食品連鎖零售企業的專業經理人，公司剛從實體通路的代理零售，跨到電商通路經營。每年要扛幾億營業額，要成長獲利，還要養那麼多員工，做決策的壓力與顧慮自然會多。但，不做決策的風險，有時更大！

不決策的風險

錯誤決策的風險很大，但沒執行過，如何知道風險在哪？再厲害的理性決策風險評估，也很難確保執行無風險。面子問題，往往是多數經營者不理性或是拖延決策的大問題。換個角度，只要能管理好且降低風險，商機自然能夠掌握，不是嗎？

有些經營者，往往以為不決策就沒風險。其實，不做決策的風險，在組織固定成本、時間成本、競爭優勢與市場價值流失上的風險，有時真的不小。好商機，往往稍縱即逝。同業跑得比你快，客戶比你更快。價值，就在時間與速度中流失。

管銷成本的耗損，市場同業的競爭，異業的替代。**當企業沒有持續往前，其實就已在不斷後退了。**組織若長時間不動起來，就容易被悶到生病。專業幕僚若太理性，也會蒙蔽對市場的真實敏感度。不決策，不會因此就沒風險。如何管理好決策後的風險，才是關鍵重點。

決策的為難

決策，講得很理性，換成你是當事人就不易了。人性習慣擁有，害怕失去，更害怕承擔風險，便會導致經營者無法決策。當你是員工與主管，輸贏就變成一份薪水與一個發展。當你是經營者，輸贏就提升到責任、事業、生涯、地位與名譽了。怕輸，就很難贏。敢攻，是因為不敗。能贏，是因為輸得起。

過去的成功經驗，也可能是牽絆經營者的繩索。在失敗的決策中，或許能夠產生未來更好的機會。景氣好與產業好，這時的成功經驗，很難證明真實能力。你的真正實力，都必須要在困境與逆境中，才會被激發展現的。

數字會說話，但數字會說真話，也會說假話。別太迷信與依賴先進的管理工具，古人說：「役物，而不役於物。」別夢想去尋求經營決策的特效藥，卻忽略經營團隊的創新與冒險精神，這些遠比新管理理論與工具更有價值。

有信心的決策

過去的成功經驗，卻往往也是創新價值的牽絆。人事物的表象，只能說「看到」。「看見」本質，才能真正看見真價值，這是決策的基本依據。機會與風險相生，要積極累積你承擔經營風險的能力。真正決策後的結果，不是得到，就是學到。

決策後的目標標準要講清楚，才能有效地動員組織資源，創造期望的影響效果。團隊有好人才，就會協助經營者釐清決策的規格。還沒碰到好人才，下決策時的規格就要講清楚，或教導員工如何主動來釐清授權的目標規格。

決策的效益，是多數經理人在意的大問題。實戰上的思維，需要的是體察人事、化繁為簡、順勢借力、掌握成果與有

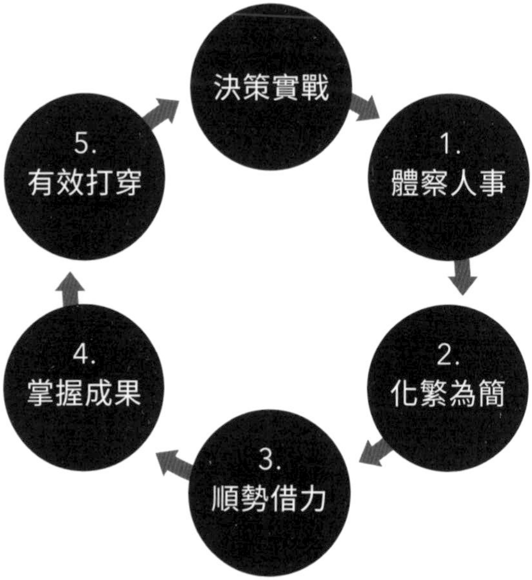

效打穿。掌握這樣的思維邏輯，才能讓決策產生績效。**決策，不要輕易違背人性，更該去掌握人性，善用人性。**

顧問提醒

決策，有時是夢想與風險的承擔，不代表追求最低風險。夢想目標有多大，承擔風險就要多大。要努力管理風險，但為了事業夢想，有時你更需要感性地放膽一搏，使命必達！

第9關 時間經營學：掌握時機、順勢造勢

召開客戶的輔導會議時，我陪著老董事長聽完總經理的新事業投資發展方案簡報。這位年輕總經理，是預計要接班的老董大兒子Jason，已經見過幾次面。

簡報結束完，我輕輕拍手鼓掌後，看到老董事長期望我發表意見的眼神，便轉頭望向Jason笑著說：「你很用心，資料蒐集挺完整的，內容也寫得很仔細。但似乎少估算一個重要的變數——時間。」如我預期，他露出疑惑的表情。

「很多變數，都很容易隨著時間的推移而改變。你的規劃內容在某些時間點交錯下，會產生變化，但你卻沒去掌握，也規劃太少。」、「你現在說的內容，都是在假設某些變數不變的前提下來規劃的。但若這些變數改變時，你該如何因應？」我補充說明。老董事長輕輕點頭笑了，看起來是滿意我的回應囉。

時間的特性

時間，是個特殊也有趣的存在。每個人都很公平，每天都只有二十四小時。客觀的時間，你無法多要，也無法變少。它沒有實體，看不到，也不易察覺，卻無法否認或忽視它的存在。物換星移，而時間的變化多端，更是智慧恆生。

咱們中國老祖宗寫的易經與孫子兵法，反倒在「時間」上著墨與論述的，比西方MBA內容更為深入實用。當你專注在眼前事物時，時間的長度在感覺上會變短，看似一轉眼就過了，但其實已過了好幾小時。但當你不聚焦或沒目標時，自然又會感覺時間變長。時間，因人而異，又變得主觀了。

隨著時間推移，人心會變。多數人是被環境影響的，現在同意，不代表未來會同意。現在不要，也不代表未來不買。價值，在時間流動中移轉變化。時間，也似乎隱含著規律。月有陰晴圓缺，氣候有春夏秋冬，生意有離尖峰與淡旺季。

行銷的時間

市場客戶、競爭者或替代品之間的交互關係，隨著時間改變，就會自然有力量的消長變化。有時，不是產品不好，而是時間不對，價值自然不足。面對合適的潛在客戶，在最合適的時間，推出你的商品，價值自然大增，生意也會自然變好。

商品，從上市初賣到消逝不見，在不同時期，市場會有不同的狀況與特性。供需會改變，客戶需求會改變，產品的價值與價格也會改變。隨著市場成長改變，廠商間的競爭態勢更會因此改變。

真正的行銷威力更來自於「勢」，經營者可以順勢，也可以造勢。

勢，讓當下整個環境的力量都向你靠攏。掌握對的時機，自然能借力使力。銷售談判也是，找到對的潛在客戶，在對的地方，賣對的商品。這個交會點，就是對的時間。好的時機，就是在適時的機會中，讓一切容易圓滿達成，高度滿足當下的供需。

經營者的時間

管理與經營兩者間一個很大的差異，就是「時間」。管理是靜態斷面的，而經營卻是動態立體的。產品有生命週期（product life cycle，簡稱PLC），企業也有生命週期，新創企業的導入期通常賺的是時機財，重點在快速有效地掌握商機，賺取創業的第一桶金。成長期，就要培訓團隊與提升企業體質，賺的是管理財。

經營know-how與know-why很重要，不過「know-when」更重要，知道什麼時候該找誰，該賣什麼東西，該做什麼事情。不是拳頭大就贏，而是挑對出手的時機。蓄勢，要累積資源與聚焦力量在對的目標上，化危機為契機。順勢，能藉風起飛，一路順暢。造勢，要匯集力量，使市場風起雲湧。整合資源的創勢，更能展現出真正的經營智慧。

時間不對時，經營者該做的是：等待。等待，是門不易的經營者修煉。在低潮時，要「潛龍在淵」，累積能量、調整體質且積蓄力量，用心掌握並培養對環境的敏感度。一旦時機成熟，充分掌握住人事時地物交會的時間點，就有機會飛龍在天，重享榮耀。

蓄勢	存蓄資源，累積能量
順勢	藉風起飛，一路順暢
造勢	匯集力量，影響市場
創勢	整合資源，借力使力

顧問提醒

人性與時間，是經營大學的重大必修學分。經營者的時間在哪裡，成就就在哪裡。你，修到幾分了？

第10關 如何管好現金流？哪些資產最重要？

「最近不是業績一直不錯嗎？怎麼會現金不夠？是哪些大筆款項沒收進來嗎？你把現金流量表更新給我看，怎麼會差那麼多！」William氣得臉色都變了，管錢的出納一早便跑來報告，明天下午銀行戶頭的錢不夠。

「上個月有個朋友介紹的一位投資者，想要併購我們公司，不過開的價錢比我期望的低。顧問，我該怎麼跟他談？價錢怎麼算合理？哪些重點我要注意？」Bill公司雖不大，但產品設計跟技術真的沒話講，每次在國際大展都是焦點之一，但因自有資金不足，這兩年的經營真的走得很辛苦。

「這次新產品上市三個月後，在通路上的成交價跟銷售量，所產生的毛利額比我們原先預估的低很多。這在財報的淨利上影響很大，可能需要花點時間討論如何提高行銷競爭力，才能改變這個局勢。」Debby憂心地把報表分析後的狀況，向老闆認真地報告說明。

財務報表上，有幾個地方跟企業創造淨現金有關的地方，在日常經營時要緊緊盯著。而能長期累積公司的核心競爭力，有助於長期穩定的產生現金，更是你該在意的經營資產。

現金為王的底氣

在企業成長期，產品開發需要錢，養人才要錢，開發市場要錢，拓展通路也都要錢。在經營上，倘若財務槓桿操作過頭，就要負擔不低的資金成本。萬一業績不如預期，或收款期過長，等到手頭缺現金又無法馬上找到合理的成本周轉來源時，你就知道現金有多重要了。

做生意最好的資金來源就是你自己營業的淨現金。市場價格賣得漂亮、利潤比同業高、銷售量穩穩地跑且現金持續收進來，這時候的現金流狀況多數不會太差。一定要顧好且善用手邊的現金，不斷為公司創造更多現金，這是市場對你經營智慧的最好回饋。

在成長的初期，若突然有幾筆大單進來，會讓經營者對未來的預測過於樂觀。萬一市場不如預期，公司碰到缺現金的風險時，那你就慘了。投資者要投資你，要看你創造淨現金的本事，也要看你有沒有能力管好現金。只要能把公司打造成一個能穩定增加現金的賺錢機器，想不值錢都難。

經營的會計思維

用錢可以輕易買到的，通常都不是真正的核心資產。薪資在會計科目上是費用，但人力資源專家說員工是公司資產。你認為公司有多少員工是具有貢獻度的資產？有多少比率是公司的負債？資產分好幾種，隨著變現的程度，會計上還有分固定資產、流動資產或速動資產。

如果你很會替公司賺錢，對老闆來講，你就是那個最划算、最值得投資的資產。但績效差的人，對公司來講，基本上都是拖累團隊的負債。若沒績效，又是皇親國戚，那就是大家都討厭的長期負債，等同高利息又會吸血的地下錢莊。

損益表的毛利，代表公司在市場

毛利	公司在市場存在的價值
淨利	帶領團隊與運用資源的經營能力
營收	品牌價值、通路關係、市場布局、業務團隊與行銷策略
成本	採購能力與供應商關係
費用	創造業績利潤、產業人脈好且能帶動團隊的人

上的價值，淨利代表帶領團隊與運用資源的經營能力。看到「營收」數字，要想到品牌價值、通路關係、市場布局、業務團隊與行銷策略。看到「成本」，要想到採購能力與供應商關係。看到「費用」結構，薪資一定是重點，先想到誰最能創造業績利潤？誰的外部產業人脈好？誰是能帶動激勵這個團隊的人？

重視無形資產

企業真正有價值的資產，幾乎都是無形的，包括：品牌、經營理念、企業文化、管理體質、團隊忠誠度與供應商關係等等。這些無形資產，也都很難用錢在短時間內買到，反而需要時間與心力去長期累積，才會內化成真正的無價資產。

無形資產的價值在未來才能顯現出來，最值錢也最難鑑價。未來有太多不可知，但卻也充滿夢想與希望。經營者要能適切掌握機會與風險，將投入的有形資源，轉換成高報酬的現金資產。不妨自己嘗試替貴公司做一張無形資產的鑑價報告，評估這些無形資產在未來三年創造現金的能力。

一般中小企業的未來價值，百分之九十來自於經營者的觀念、格局與能力。如果你是貴公司的經營者，麻煩撥空算算你這個經營者價值多少。基本上，經營者的無形價值至少要超過公司總價值的百分之八十。倘若不到百分之七十，那就該檢討自己了。

顧問提醒

眼見未必為真。

想成為真正的經營高手，必須學會如何去累積隱藏在表面下的無形真價值。

第三道
功法

組織領導

7

組織〈選才〈培訓〈領導〈發展

第11關 公司發展到一定程度後，組織該如何重新規劃？

「好不容易熬過創業前四年，剛開始只是一些基層人員離職，最近連兩位創業元老也私下提出想離開的意思。老師，公司的組織是不是要重新設計啊？公司發展得快，很多東西連我也不會。」創業夥伴想要離職的事，讓Roy挫折感很大。

「總經理，才來不到三個月的行銷經理，昨天先跟我打過招呼，說他預計下週會提辭呈。他

組織設計的原則

1. 創造客戶價值
2. 符合戰略需求
3. 發揮團隊執行力

私下跟我抱怨過公司的分工沒制度，很多事情是誰要負責、要跟誰報告協調的，大家都不清楚，這樣很難做事。」下班前，負責人事工作的小如到辦公室跟張總報告。

理論上，企業會因為行業別跟企業文化的不同，而發展出不一樣的組織架構，例如階層式、專案式與矩陣式等等。如何設計一個能讓團隊成員能各司其職、發揮專才、彼此整合形成團隊力量的組織，是領導者的重大責任，也是個令人頭痛的任務。

設計原則

設計組織的重要原則，首先要符合能夠「創造客戶價值」的需求，這才是企業存在的首要目標。讓團隊日常工作能圍繞著客戶走，不是繞著管理制度走。其次，要能符合公司策略規劃的需求，讓團隊能夠發揮策略執行力，讓每個策略行動都能確實落地執行。

在大公司裡，為了讓複雜的組織工作在管理上能夠簡單化，應該要廣納人才，因事設人，也就是以組織任務需求去找人用人。而小公司缺人才、缺預算，要積極調動並發揮每個成員的天賦與專長，自然可以彈性的因人設事，以現有的人才去設計組織，不需要太多框架。

組織設計的重點在於得兼顧到職、權、責三者相符與分工合作，還要針對人力結構與管理幅度，設計組織的指揮系統、協調系統、績效管理與監督機制。要思考如何讓領導者能順暢調動整體團隊的戰鬥力，滿足客戶價值與達成戰略目標。

管理機制

薪資管理上，有一句人資管理名言：「只用香蕉，那你就只能聘得到猴子。」這句話，難在你如何辨識對方是不是猴子。是要先給錢，讓他好好努力表現；還是要根據他表現成果好不好，再斟酌給錢？重賞之下，可能真的會有勇夫。但，**真正的人才，更能被心理層面的誘因激**

勵，會因為挑戰性的目標，而不斷激發自己的潛能。

指揮系統的重點要發揮團隊的力量，不是主管親力親為去完成工作，而是如何指揮調動團隊成員去完成任務。組織橫向協調溝通系統，主要在會議管理、報表管理，與組織非正式的溝通文化。好的團隊文化，是專業分工的潤滑與催化劑，讓員工能主動協助，互相補位。

組織夠大了，為了組織營運的風險管理，自然會設計不少內部稽核與控制管理的制度，如授權管理、預算管理與績效管理等等。但在中小企業中，制度本身要更有彈性，重點在興利重於防弊。目標是讓數量已經夠少的員工們，能夠受到激勵發揮，而不是被重重限制。

成長型結構

公司在創業初期，組織還小的時候，人的問題反而少。但進入成長期後，營收增加，組織逐漸擴大編制，人事變得不太穩定。原有的創業成員可能因專長與資歷不符，且無法快速學習跟上，而必須被淘汰。而因為組織發展需要，外來專業新人又會被空降在組織的高層。

此時，經營者會面臨理性與感性的心理糾結。組織成員的忠誠度與專業能力，兩者該如何取捨？這是心態轉換的重要分水嶺，要培訓員工對組織、對專業與個人職務忠誠，而非以往與創辦人之間的情感忠誠。

成長期組織的任務，主要在業務與通路發展體系建立、團隊成員培訓、彈性管理制度建立與新產品研發的機制。經營者要深思，如何守住攻下來的成果？基本上，還是「攻」大於「守」的原則。這也是組織設計時，要特別為達成策略目標，而去強化的組織重點。

顧問提醒

小公司，激發人才潛能，要彈性因人設事。

能激勵調動團隊成員，讓員工完成任務。

成長期，組織結構的「攻」要大於「守」。

第12關 好人才在哪裡？用人選才面面觀

「面試時的學經歷背景資料跟談吐都不錯，也信誓旦旦的保證會在工作上付出貢獻，不怕困難。但不到三個月，就說他不適合這裡要離職了。更誇張的是，也沒等我找到新人來交接就走了。」業務部經理跟老闆抱怨著人力不足的問題。

「他以前是超級業務，績效表現也是業務團隊中最好的一個，因此升他當業務主管。不過個性太強勢了，碰到業績不好的，就直接換掉，沒耐心花時間去培養新人。團隊內部常會有業績踩線的爭議出現，他也沒好好處理，搞得團隊情緒有點低迷。」績效最好的員工，適合升上來當主管嗎？

企，是人止二字的組合。一個好團隊需要找對好人才，並讓好人才留下。找對好人才，老闆上天堂。找錯人才，老闆就住病房。老闆，請問你住哪？套房，還是加護病房？

成長期需求

往成長期邁進時，多數企業主的規模與制度化的管理經驗少，還得面對幾項重要的大事情，如建立中層主管團隊、能發展長期穩定收入的業務團隊與暢銷產品的開發等等，也就是跟市場開發與營運管理有關的大事。不但要專才，還要是能橫向溝通整合的通才。

在後勤管理的建立上，需要建立客戶服務、財務會計、採購進貨的供應鏈與資訊系統等管理功能。後勤營運的真正專業，是要能支援前線的專業。有門市或業務第一線經驗的幕僚，往往較能勝任。各部門要以客戶價值為中心，協調整合彼此工作，才不會流於本位主義。

別只想著往外找人才，要好好照顧手邊每個人才。沒有完美的個人，只有彼此互補且有共同目標的夢幻團隊，你得替每個人找到適合發揮他天賦與專長的好角色。**沒有A級的人才，就讓現有的B級人才，往上去做A級的事。**在目標挑戰中，才能看出誰是真正的好人才。

如何識人

要認識人，先學會看懂自己與接受自己。深刻了解自己的天賦特質、潛力與強弱項，知道自己適合在什麼樣的舞台發揮，適合跟誰一起工作。人性會有七情六慾、愛恨情仇與生離死別的本質與反應，大家都差異不大。慾望，是經濟發展的基本動力。名利權位的慾望，更是驅動多數人前進的主要動力。

識人的方法，除了多年職場與生活經歷上累積而成的火眼金睛之外，一般來說，會有先天與後天之分。人的先天特質上，無論星座、手相、面相、五行與紫微等等，很多人認為具有很高的參考價值。而以問卷評測去了解後天特性的ＰＤＰ[2]與ＤＩＳＣ[3]等等，藉由專家諮商分析，也能幫助你看見自己看不到的一面。

談到工作，多數老闆在檯面上會說是能力重要。檯面下，老闆們更想知道的是如何判斷員工的忠誠度。其實，老闆該在意的是一個員工是否能在工作上尊重自己的價值觀與習慣。**職位歷練的機會，其實也是看懂一個人的好機會。**路遙知馬力，再怎樣會演，庸才的馬腳也會跑出來的。

---

2 PDP：professional dynamitic program，一種性格測驗，把人的行事風格大致分成了老虎型、孔雀型、無尾熊型、貓頭鷹型、變色龍型。

3 DISC：一種人格測驗，依據人的內在想法與外顯行為，分為支配型（dominance）、影響型（influence）、穩定型（steadiness）、謹慎型（compliance）。

有效選人

優秀的人才需要對的舞台、對的上台機會與對的領導者，才會是好人才。深入了解一個人後，要好好思考評估他是拿筆的文官，還是拿刀槍的武將特質。哪個位置與角色，才能讓他發揮所長；要安排什麼樣的人共事，才有互補加乘的效果。

適合業務工作的，多是目標導向的人；適合公關工作的，多是舞台魅力型的人；財務會計，多是擅長精確分析的人；而人事行政，則多是保守穩定的人。但有些人，必須給他舞台發揮後，你才知道他是哪種人才。多為人才創造一些磨練的機會，俗話說的好，是驢還是馬，牽出來遛遛就知道了。

領導力，是一種影響力的人格特質。有天生個性適合的，也有人靠著後天的磨練而具備。領導力很難靠測驗去評估出來，比較合適的方法是從旁長期觀察，或是給他舞台與小團隊，給些有挑戰性的困難任務，有領導力的人，自然就容易發揮他的領導本能。

顧問提醒

找對好人才，老闆上天堂。找錯人才，老闆就住病房。
讓B級人才，挑戰做A級的事。
路遙知馬力，日久見人心。
是驢是馬，牽出來遛遛就知道了。

第13關 如何有效地培訓出夢幻團隊？

「他是真的沒做過這個管理部工作的經驗，但他是股東，我也比較相信他啊。沒辦法，創業維艱，公司有些人才真的很缺。而且在市場通路上面的發展，我們也不知道該怎麼著手，所以才想聘請老師來當我們的經營指導顧問。」

「我自己也很多事情不會，除了會做產品跟賣東西之外，我創業前也沒有企業主管的經歷，樣樣都是靠自己摸索出來的。說真的，到底該怎樣經營好公司，我也沒概念。就是看書、跟同業交流或聽演講，走一步算一步。」

多數老闆是技術或業務出身，團隊也是當初因緣際會而組成的。在成長期需要的首重行銷通路建立與業務管理的能力，其次是研發與市場接軌的能力，還有部門領導團隊、管理事情與跨部門溝通協調的能力。不會這些事情，就得去學去歷練。不怕起步慢，就怕只會站著抱怨。

教育訓練

教育訓練重點在文化、知識與技能的提升。教育，在培養有關企業文化、理念、價值觀與日常行為規範或準則，這些需要靠領導者的日常影響力與持續的耳提面命。讓員工知道企業認同什

教育	培養有關企業文化、理念、價值觀與日常行為規範或準則。
訓練	培訓有關產品知識、行業知識與專業技能。

麼、期望什麼、在乎什麼。而訓練是在培訓有關產品知識、行業知識與專業技能。

組織基本上分為決策層、管理層與執行層三階，各有不同需求與培訓方式。決策層的任務，在於如何找方向、定目標、建立團隊、整合資源與開發市場等等，並把事業營運順暢，在乎效益。執行層的任務，在於把主管交代對的事情，能落實執行力，在乎的是效率。

管理層，重點放在承上啟下，懂得如何有條理地管理部門事務，讓各單位彼此溝通協調順暢，更能持續在職培訓人才，並能凝聚團隊能力。除了企劃思考與溝通能力之外，主管要能熟悉PDCA〔計劃（plan）、執行（do）、檢討（check）與改善（action）〕[4]與部門五管（計畫、組織、用人、指導與控制）等部門管理方法。

4 PDCA：由四步驟構成的循環式管理流程，常用於產品品質控管和改善生產過程。

有效的培訓方法

有效的培訓，不只是觀念之間的傳遞學習，重點在於行為要朝著正確方向改變，能直接或間接影響到客戶價值高低與員工績效的表現。員工需要持續地進行專業的教育訓練，給予可依據的做事準則與要求，經常地溝通與提醒，才能形成行為習慣的自動反應。

從時間軸來看，「新人訓練」是培訓員工正式上工前的基本知識與能力，「在職訓練」（On the Job Training，簡稱ＯＪＴ）則是在主管或前輩帶領下去做中學。績效考核不合格者，則是安排複訓重新提升。真正有效的培訓教材，除了知識觀念與案例之外，還需要互動演練，以及培訓後的落實方案。

再優秀的講師，再厲害的培訓方法與教材，都沒有經營者與主管親自以身作則來得有效。上行下效，不能一直講大道理去要求員工，自己卻在做錯誤示範的同時，期望員工被你教育成功。只要行為持續朝著正確方向改變，就會形成好習慣，命運就會自動改變。

領導人培訓

某個技術專業或績效特別好的人，不代表就適合當領導人。**領導，是有關於格局、包容、成全與承擔的事。**好的領導人懂得眾志成城，讓員工同心協力完成工作。要帶領的是一個厲害團隊，而不是一群單兵作戰很強的尖兵。

領導人在管理技能的培訓上，要盡量用內部案例去實際操作演練一番，才知道如何轉換運用在工作上。多看看些優秀領導者的傳記，可以從他的生活行為與習慣，觀摩到優秀領導人如何累積實力，如何因應困難與挫折。

CEO的培訓，往往要靠師徒制，當副手去從旁歷練學習。也可尋覓一位教練導師，除了傳授經營心法之外，更能在面對每個問題或困難時，引導你洞察問題的根源，客觀思考如何改變或解決的方式。

顧問提醒

培訓要有效，需要行為的改變。正確行為的累積，才會引發好績效。

學習，無處不可學。無時無刻，都在學習。

最該被培訓的人，就是經營者。

第14關

你想成為哪種領導者？領導力的實戰攻略

「之前這個事業部的業績很差，已經虧損半年了。董事長把我調來接手，希望能趕快讓這個事業部正常營運賺錢，我的壓力當然很大啊！」升官沒好事？Kevin最近雖然升任集團裡另一個新事業部的執行長，但整天滿面愁容，心事重重。

「這個營業目標太難達成，誰做得到啊？利潤目標要比去年提高了快一倍耶！」、「老闆又在畫大餅了，沒增加新預算，又沒多補人。講得那麼簡單，不然他自己來做！」張經理在中午休息吃飯時間，很不爽的跟同事抱怨。

「沒關係，我們一起來想看看，還有沒有其他方法可以做到！」、「大家討論一下，這項任務要怎樣才能搞定，看還需要哪些資源？」、「好！我來協調一下預算跟人力，大家覺得我們可以在期限內達成嗎？」在另一個場景裡，Ray眼神專注，態度堅定的跟團隊成員熱烈地討論著。

你要選哪一種領導者？

目標領導力

好團隊需要一位優秀領導人，能主動整合資源、分工授權、激發大夥熱情，並以身作則去引領大家達成組織的卓越目標。領導高手都是以終為始且目標導向，有效的達成目標，不只是一份工作，更是一份使命與挑

好領導的五件工作

1. 抓方向
2. 設目標
3. 挑對人
4. 定策略
5. 做計畫

戰。逆境中的成功戰果，是領導高手心中真正的成功。

領導能力，不是比單兵戰鬥，而是要比誰能讓團隊更有效地達成目標。領導者要能抓方向、設目標、挑對人、定策略與做計畫，成為好領導人，比當超級業務還難。要能激勵團隊每個成員，貢獻心力且互助合作。發揮乘法效益，準時達成目標。

很多人情願跟電腦、機器、設備打交道，也不想要和一群人打交道。**要成為實戰的領導高手，就要能同時掌握「人」的領導與「事」的管理。**領導，要有做人與做事的能力，更需要有搞定客戶與達成目標的能力。對的舞台上，擺上對的人才，就容易達成卓越目標。

驅動人才

好的團隊，代表有好領導者，跟一群願意跟隨且努力貢獻己力的菁英成員。團隊選才的標準，不單只在產業知識與專業能力。更重要的是對工作的熱情，擁有自尊、自律的內在自我驅動能力。驅策團隊人才達成非凡成就，就是領導者的最重要工作。

要讓人才清楚自己為何而戰，無論是名利權位、成長與成就感。付給好人才的薪資是投資，不是成本費用。人才是企業寶貴的資產，重點在對組織與團隊的直接貢獻度。好人才會自我要求，有了明確的方向、目標與資源，就會像千里馬般，跑得比你想像中還快。

領導高手知道自己不是萬能的天神，更知道自己只有一個腦袋、兩隻手與兩隻腳。願意包容不同的意見，讓員工能夠針對如何完成目標，提出專業的建議與質疑。好人才會用心研究，提供團隊行動方案的選項、資源需求與風險評估。

有效目標管理

有效的目標管理，需要整合資源與分工授權。領導，要搞定人與事。**事是死的，可以標準化管理；但人是活的，彼此都有差異，只能驅動領導。**碰到目標，要以終為始，追蹤盯緊。遇到問題困難，要觀察思考，尋找冰山下的真正原因。

要善用八二法則[5]，管住優先目標的關鍵重點。PDCA可以讓你聚焦且掌握主要工作目標的品質與進度。財務目標是落後指標，是經營的成果指標。客戶滿意度、服務流程與人才質量等等，這些才是領先指標。做好每個領先指標，財務指標自然容易達成。

5 八二法則：由義大利經濟學者帕列托（Vilfredo Pareto）提出，主要概念為八成的產出源自兩成的投入，意指要將資源分配在能產出關鍵效益的兩成目標上。

會議與書面管理，更得定期主動追蹤，這是有效掌握目標進度的好工具。目標要能追求合理化，才會讓大家信服。找出大夥有共識的合理化目標，並將複雜多變的工作，在繁簡之間去分析拆解，建立模組與標準化流程後，再於日常工作上去落實SDCA[6]。

顧問提醒

好人才，才是支持領導高手敢於決策往前的力量。
領導者的優異程度，取決於他團隊裡有多少優秀的人才。

6 SDCA：維持標準化流程品質的方法，S為標準（standard）。

第15關

公司規模擴大，組織該如何因應與發展？

「我要不要選擇去大公司發展？跟小張一起創業五年了，看起來有些機會，但這一年來問題一堆，似乎公司很不穩定。而且現在我負責的管理部工作，也不是我的專長。」莎莎跟小張是公司的創業股東，兩人曾經是好同事。

「我算是資深員工了，但我才剛來一年耶，那你就大概知道公司的流動率有多高了。也不是老闆不好，公司看起來好像有發展，但就是工作沒標準，大家都很亂啊。」新來的Jessica跟自己的親姐姐抱怨著她的新工作。

隨著公司成長，企業會因應市場訂定不同的策略。而支撐策略發展的核心動能，除了外部商機力量之外，最重要的是內部組織的團隊動力。團隊動力，來自於團隊的目標、承擔與自我成就感。組織要變得更有競爭力，才能達到組織期望的策略目標。

人才的成長

組織的基本單位是人，現今競爭商業環境中，真正的人才都有些類似的優異特質。諸如喜歡自我挑戰，努力好學。態度謙虛認真，且能獨立思考。為了長遠未來的目標，願意做短期的取捨犧牲。願意忍人所不能忍，持續堅持去換取更多磨練與歷練的經驗。

在人生的不同階段，人才自然對工作會有不同的目標與期望。除了經濟物質層面的滿足、同儕的認同之外，更期望能找到可以發揮自我天賦與專才的舞台。真正的人才會有自發動力，不會只是滿足於現在。提供更多給人才發揮的舞台，就是領導者的重責大任。

別抱怨在你公司裡，為什麼沒有足夠的好人才。**你該思考的是，該如何打造一個能吸引人才在你這邊發揮的好環境。**設身處地的為人才考慮，他的未來發展在哪？未來前景是否具體清晰？他的努力，在組織裡是否能被看見？能否得到合理的回饋？可以吸引更多好人才進來嗎？還是劣幣會驅逐良幣？

組織發展的限制

影響一個組織的好發展，會有三個限制。

首先是組織的每個人，在他的職權或工作專業範圍內，或多或少都有「領地」的觀念。也就是認為這個他熟悉或有影響力的地盤，對既得

組織發展的三大限制

1. 領地觀念
2. 灰色組織
3. 彼得原理

的權益與權力，會有獨占的概念。一但有人讓他的既得利益受損，自然就會不理性的反抗或消極的不配合。

其次，是檯面下的「灰色組織」。一旦在一個職位做久了，更容易為了保護自己的權益而拉黨結派。這個檯面下的無形影響力，往往來自年資資深、有特殊組織關係或有專業技術權的人身上。能善用，可以促進組織良好的溝通與正向的影響力。反之，就會傷害組織的健康變革與發展。

根據「彼得原理」（Peter Principle），每個人在職場工作的人，最後都將被升遷到自己能力無法勝任的位置上，然後才停止升遷。很多人因為過去待在自己所能勝任的位置，替公司立下汗馬功勞，進而被升遷。如超級業務員或厲害的技術工程師，能做好本分工作，但這卻不代表能夠勝任部門領導者的角色。

組織變革

健康的組織，都像活水。適當的流動是正常的，只要團隊中的大柱子不要亂跑就好。而隨著企業發展的組織任務不同，組織就需要變革。成員要改變舊習，歸零學習，學習新的能力與知識，重塑新的行為習慣。

知名的組織管理學者約翰・科特（John Kotter），提出以八個步驟來解決管理者進行變革時常犯的錯誤。這是目前最兼顧理論與實務的變革好方法。八步驟是指：一、建立危機意識；二、成立領導團隊；三、提出願景；四、溝通願景；五、授權員工參與；六、創造近程戰果；七、鞏固戰

組織變革的八大步驟

1. 建立危機意識
2. 成立領導團隊
3. 提出願景
4. 溝通願景
5. 授權員工參與
6. 創造近程戰果
7. 鞏固戰果並再接再勵
8. 讓新做法深植企業文化之中

果並再接再勵；八、讓新做法深植企業文化之中。

每個步驟，都需要靠領導者的耐心與毅力，願意投入心力與時間，去逐步推動。其中最難的，不是推動變革的知識與方法，而是領導者的格局與魅力。不只是利他，更要利眾。讓團隊成員從相信到信任，到最後能夠將企業組織文化變成信仰。

顧問提醒

組織，檯面上要理性的就事論事，也別忘了檯面下的灰色地帶。如活水般流動，組織才會健康。要讓組織好發展，就別掉入彼得原理的陷阱。

第四道
功法

營運管理

7

執行〈資訊〈制度〈方法〈簡化

第16關 問題多出在複雜裡：簡化經營的藝術

到了高雄出差，好朋友晚上請我去一家美式餐廳用餐。菜色超多樣，有漢堡、三明治、義大利麵、炸烤、下午茶、甜點、酒精與飲料等類別。每種類別裡，都有近十種內容選項，選擇性多到令人看了眼花撩亂。看著厚厚的一本菜單，心裡第一個反應是：「該怎麼點？」、「這樣很難賺吧？」

上個月底應邀到東部風景區旁，參訪一家有三家門市的文創陶瓷品牌連鎖店。店裡商品的樣式不少，價位不一，落差也大。有簡易入手價，但卻也有價值數十萬的收藏品，品項更有上千種。

光管好這些庫存，著實就不容易了。照這行的「買斷」行規，三家店就壓了近五百萬的資金。此外，現場把九十九元的紀念品等級的貨，跟近萬元的陶藝品陳列擺在一起，還真不知道它們是怎麼想的。至少，我知道它們的財報數字不太好看。

不少企業經營上的問題與困擾，多出現在「複雜」這個詞裡。複雜，讓客戶不容易選擇。複雜，讓產品穩定度不高。複雜，讓營運效益不佳。複雜，讓企業找人不易。複雜，往往是中小企業不易賺錢的主因之一。

複雜，難管理

你可以讓生意在市場競爭者或客戶面前，看起來不簡單。但若是內部真的很複雜，那管理的成本鐵定不划算。商品品項或服務項目太多，會讓庫存、採購與生產複雜化，也讓客戶選擇與客服變得複雜。除了貨難賣，資金也容易積壓，很容易得不償失。

複雜，讓產品的維修零件、工序、包裝複雜化，成本費用自然就增加不少。如果你以「寄賣」型態經營品牌商品，也就是說，把貨寄放在店裡賣，賣多少再結帳多少，但退貨、包材、庫存與客服的成本都要算你的。你的複雜，保證讓你很難賺到錢。

複雜，需要有完整的管理流程、資訊系統、團隊人才、資金規模、後勤服務與供應鏈的配合，大企業的複雜，往往也是賺「管理財」的來源。但這個遊戲，一般中小企業多數玩不起，更何況是新創公司或小公司。

複雜的經營五難

1. 市場難聚焦
2. 品質難穩定
3. 成本難控管
4. 流程難管理
5. 人才難尋找

簡單好做買賣

客戶大多不太喜歡「複雜」，選項簡單，購買要簡單。讓他買得安心放心，覺得物超所值就好。可以給三個選項，就別給十個選項。別以為提供數千種選項，客戶就會感謝你。當你的產品夠強、技術夠好且能掌握客戶需求，客戶反而在簡單選項中，更容易決策購買。

複雜，多數看起來容易壞或出問題。簡單功能，簡單訴求，簡單價值，才能讓客戶簡單購買，安心購買。特色少，卻反而鮮明。品項可以多，但不一定要複雜。聚焦，資源才不會被過度稀釋。複雜，讓客戶不易看到產品的特點，反而模糊主力產品的特色焦點。

簡單，才能讓客戶輕鬆看到產品的好價值。產品簡單、特色效益簡單，客戶容易接受，通路容易賣，且讓業務人員好管理。產品複雜，經營自然複雜，更需要多元的管理人才。複雜，絕對是提高產品與營運成本的兇手之一。

經營者的智慧

複雜，讓經營者像在一團迷霧中開車。往往會遮蓋經營者的視野，不但容易迷失方向。不小心還容易決策錯誤，跌落山谷，粉身碎骨。複雜，也會累積成經營者身上的包袱。往往更會耗費不必要的心力與資源，拖垮企業的發展速度。

無論是投資計畫、商品創新概念、研發創新與商業模式，若是看起來複雜難懂，多數沒有投資的必要價值。能賺錢的生意，往往都不複雜。即使，外表看起來複雜，但內部營運要有本事簡單。**簡單複雜化，是客戶端的銷售話術。但複雜簡單化，卻是真正的經營成功關鍵。**

簡單，找到對的關鍵重點，集中資源，不斷重

事業成功關鍵
1. 簡單複雜化：客戶感受專業感
2. 複雜簡單化：經營成功的關鍵

複累積的做。力量累積到打透打穿市場，價值自然出現。經營的簡化，最終要靠你自己。前人的成功經驗，只能給你帶來啟發，要在困難中實踐體驗，之後才能體悟到經營的精髓。

顧問提醒

獲利賺錢的心法，都藏在簡單裡。

複雜簡單化，其實不易，卻是價值的來源。

只要堅持簡單信念與價值，落實在企業的日常營運中，經營自然簡單。

第17關 要提高工作績效，得做好三件事

「小張，你的通路聯絡工作完成了沒有啊？這個月的績效很差耶！」、「是！是！我知道，我知道。我就快要做好了，明天就可以交給你！」老闆的辦公室傳出罵人的聲音，這個來不到半年的小張，大家都在猜他還能在公司撐多久。

「你覺得你的時間有花在該忙的事上嗎？你的部門不是還有七八個人嗎？你有沒有分派工作下去，讓大家一起幫忙啊？」張總看到吳經理在公司忙到晚上九點都還沒下班，忍不住把吳經理叫進辦公室唸了一下。

不景氣，每個人都想保住工作，每個老闆也都希望每個員工的產值夠高。這個交集就在績效了。想升官嗎？簡單，拿著戰功坐大位吧。**一個領導者要有好績效，就要做好三件事情：做對的事情、用對的人與把事情做對。**

好績效的三件大事

1. 做對的事情
2. 用對的人才
3. 把事情做對

做對的事情

職場高手都懂得要在目標導向的原則下，先釐清並且定義績效的範圍與標準，清楚知道做哪些關鍵的重點工作，才能有效達成績效。工作不多，是因為懂得目標要分權重與優先，權重就是這份工作對目標的重要性，優先就是指時間上的先後順序。目標對，方向對，後面的努力才會有意義。

能讓目標達成，能讓績效有效產出的事情，就是對的事情。完成對的事情，會讓你能借力使力，快速達成目標與績效。對的事情，通常是重要且不緊急的事情，也就是思考、觀察、溝通與學習等等的事情。

「菩薩畏因，眾生畏果。」很多人要達成目標，就會每天盯著老闆期望的目標，拚命想達到績效。但一般財務報表的數字目標，都只是經營的結果，是落後指標。高手會在日常關注著領先指標，也就是為企業塑造出良好經營體質的指標，如客户回購率、平均客單價與員工素質能力等等。

要用對的人才

每個人的人格特質與天賦不同，適合的工作專長就各異。有些人積極樂觀又目標導向，個性急且企圖心強。有些人天生表演慾強，沒展現的舞台就快活不下去。有些人天生數字概念好，重視細節。也有些人就是喜歡安穩的工作。對的人，要擺對位置，安排他和對的人合作共事。

要找對的人，去做對的事情，而不是讓你這個累得跟狗一樣的老闆

去親力親為。對的人，容易有自發的能量去完成工作。商業環境中，只要基本專業能力夠，個性主動積極且溝通能力強的人，輔以挑戰性目標的設定，還有團隊文化環境的影響。老闆跟主管能用到這樣的人，基本上就是好命的人。

一個人的工作態度很重要，要能積極樂觀，正面思考。碰到困難與問題，腦袋設定的程式要能直接提醒你：「沒有不可能，只是方法還沒想到」、「橫看成嶺側成峰，遠近高低各不同。不識廬山真面目，只緣身在此山中。」有時候，你只是身陷其中而不自知而已。只要跳脫侷限住自我的想法，你的思路自然就通了。

把事情做對

事情不能只是有做、做完，還要做好。別只是靠經驗在做事，靠年資升官，要有把事做好的觀念與方法。複雜，通常不能把事情做好。簡單才能聚焦，才能快速有效達成目標。簡單不代表容易，要善用槓桿點，績效就容易達成。

想事情要左右腦並用，左腦是理性思考，往往有框，可以邏輯評估。右腦管感性思考，經常沒有邊，創意想像無限。思考時，不斷的聚焦與擴散，交互運用，這樣就容易找出好方法。

工作要懂得借力使力、順勢而為。有時候不要太急，要有點耐心，等合適的時機到來，事情就容易完成。勢在哪？要跳脫現況，居高臨下觀察，鳥瞰全局。觀察變化與趨勢，了解裡面的力量消長，就可以輕易找到可用之勢。如果找不到呢？那就自己去造一個勢吧。

顧問提醒

企業組織生態既務實也殘酷，想坐大位？請累積你的戰功吧！

方向不對，方法不對，天道不會酬勤。

要能借力使力，順勢而為。

第18關 企業是活的，制度是長出來的

有機食品連鎖品牌的張董，經過朋友引薦，找我到公司診斷最近碰到的管理制度問題。她一直想把公司制度一次訂得清清楚楚的，讓員工有所依據。看著管理部提供的一堆紙本資料，我轉身問了負責行政的林小姐：「貴公司都經營到這樣不小的規模了，以前沒有訂過相關制度嗎？」

沒多久，她拿了一台筆電，給我看了裡面數千各個部門管理制度檔案，還辛苦的搬出六大本裝訂整齊厚厚的制度資料。「這是三年前，我們老闆花了不少錢，請一家有名的大顧問公司來，花了大半年時間，才

幫我們規劃好的制度。」那後來有用嗎？她苦笑的回答：「怎麼用？」

很多經營不錯的中小企業，雖然業績節節上升，手上不缺現金，人員卻流動很快。也聘了些薪水不低、在大公司待過的幕僚，規劃了一堆表單制度。一陣子之後，經營者卻發現，制度剪不斷，理還亂。

興利重於防弊

以前生產導向的製造業，講求規模與效率。不管是死的事情，還是活的人，都要求標準化。往往先規劃一套完美的制度，強迫要求全員遵守。在經營者的重大宣示下，一個口令一個動作，非照規定走不可。若沒有完整的導入規劃，搞到最後，往往變成天怒人怨，制度也無疾而終。

成長期的中小企業，市場發展容易大幅變

制度規劃原則

1. 興利重於防弊
2. 團隊積極參與
3. 灌溉培養基礎
4. 保留發展彈性

動，也需要團隊彈性靈活，因應市場競爭變化，本就很難有一定的遊戲規則去遵循。規劃合適的制度，就像幫青少年量身訂作的衣服，要設計合適的版型，而且不要縫得太緊，一定要留下未來兩到三年成長的伸展空間。

制度規劃的核心觀念在興利，而非防弊。主要以協助組織良性發展為目標，在管理資訊的協助下，決策行動都能有所依據。團隊因制度規範，更能集中資源與力量去拓展市場，而非綁手綁腳，束縛發展。

制度夠用就好

初創事業，剛開始是人治的階段，「沒制度」是正常的。大家要拚命打天下，靠的是夢想、企圖心與拚勁，這些無形且寶貴的力量。若在初期就採用複雜的管理制度，你的優秀員工很快就會變成一群沒創意又死腦筋的笨蛋。

管理制度的內容範圍，依據企業屬性與規模，可大可小，可簡可繁。從企業最基本的人事薪資、財務會計、營業管理、目標管理等等，再談到組織管理、品質管理、生產管理與總務行政。隨著規模，再延伸到內部控制、內部稽核、經營分析、資材管理、研發管理等制度。

企業一旦突破市場的束縛，一飛衝天，進入成長發展期，此時業績蒸蒸日上，規模增加，老闆無法再以目光所及的力量去管理團隊。這時就需要明確的管理制度，來讓員工行止有度。制度要以激勵團隊、穩定組織且營運順暢為主，夠用就好，不要貪多。

從新芽開始擴大

制度設計要先寬後緊，逐步收斂。重點在讓員工養成好的工作習慣。每天的行事作為都有依據，成本費用預算能掌握，經營目標才能更有效達成。初期制度不要太難太複雜，只要基本的規定、辦法、表單與流程，並輔以「會議」與「報表」這兩項最基本有效的管理工具，協助企業管住該管的就好。

激勵主管與員工積極參與制度的改革，自己訂出要遵守的規矩與共識。讓團隊有成就感，發現自己訂的制度，真的可以幫大家把事情做得更好。之後，自然會放寬心，安心接受更多的遊戲規則。

揠苗助長的故事，大家在小時候都學過，長大後卻都忘了。瞎搞的制度，不但勞民傷財，不小心還會造成組織嚴重內傷，影響正常發展。要讓制度像種花草一樣，讓一些新芽先冒出來，然後慢慢的灌溉它長大。等制度長成一個小小的基礎，後面要擴大就快了。

顧問提醒

好制度讓團隊在明確清楚的規範之下，集中資源與團隊力量，創造企業市場價值。

切記，企業組織是活的，別揠苗助長。

第19關 善用資訊科技，掌握客戶的需求

「手上又沒多少資金啊，而且ERP軟體系統那麼貴，我們才經營幾年的小公司，怎麼可能買得起啊？現在多數都是以Google或Facebook這類的免費工具，或是便宜的MS-Office先頂著用。」張副總有點無奈的回應著在ERP軟體公司任職的好友吳經理。

「我是做業務背景出身的，對軟體一竅不通。之前公司有買一套雲端ERP系統啊，可是買到現在一年多了，每月的損益報表不但晚交，而且還不準確。每次在系統裡列印出來的報表，很多數字一看就是

有問題啊。」

「顧問，我想請教你，現在市場上大家都在說O2O[7]的數位發展很重要，那我該導入嗎？還是要買什麼軟體？開店的成本太高了，如果網路行銷的投資不高，那我可以考慮看看要不要往這個方向多撥出點預算。」

經營者要想辦法讓複雜的事情簡單化，還要懂得把簡單的事交給科技工具去做。資訊科技的價值，是有效率的把對的事做對。尤其，更該把企業的隱性優勢或核心資產，如客戶資料、營運流程與管理機制等等，藉由科技軟體系統的運用，牢牢的掌握在企業手上。

7　O2O：線上到線下（online to offline），一種營銷模式，利用網路工具推播消息，將客流從線上通路引至實體通路，將網路用戶轉換成線下客戶的做法。

資訊科技的價值

對企業來說，多數資訊科技都該用在市場客戶經營效益與內部營運管理效率上。網路科技時代，不但要清楚客戶需要的是什麼，更該替客戶考慮到資訊蒐集、購買付款、交貨服務等方便性。**對的客戶，是生意根本中的根本。**

不同客戶類型，對網路科技工具的使用習慣也有差異。客戶需求與購買行為掌握，只是資訊科技營運的重要一環。別忘了，客戶才是真正的長期資產。不景氣，更該重視客戶每次消費的滿意度、持續的購買力與口碑推薦。擁有很多優質的客戶，才是企業長期發展的根基。

在內部管理，尤其是要好好整合內部的管理功能，包括生產、銷售、人力資源、研發與財務等部門之間的效益與效率整合。在事業日常營運管理上，需要更多市場端與供應鏈端的營運細節等量化數據，來作為決策參考的依據。

經營客戶的效益

資訊科技對企業的價值，最終都是提高企業對客戶的體驗與感受價值的市場競爭力。就算是網路電子商務，真正的重點不在網路科技，而是在把生意做好的商務上。客戶價值優先，資訊科技永遠只是創造客戶價值的工具，而不能喧賓奪主。

企業一定要不斷創造客戶願意購買的價值，深入了解主客戶持續改變的需求特性。企業每個部門都該以客戶為中心，在對的時間提供對的產品與服務給客戶，清楚客戶的問題與痛點，喜歡什麼、不喜歡什麼、對什麼產品有偏好、什麼狀況下容易購買。

現今行動網路科技普及，客戶可以輕

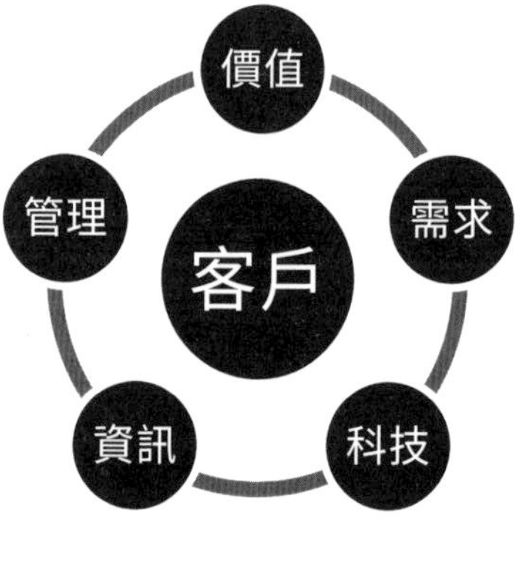

易取得許多資訊。網路更有一群消費專家的分享與推薦，讓消費者變得更為善變，市場也變得更競爭。不但對廣告的刺激敏感度變低了，連對企業品牌的忠誠度也愈來愈低。企業若沒善用科技工具去提高你的營運能力與客戶回應速度，競爭力就會自然被弱化掉。

資訊科技的導入

一般企業在導入新的資訊工具之前，要謹記：**資訊科技工具只是手段與方法，營運效益與管理效率才是真正的目標。**一定要搞清楚你的目標，知道如何有效管理化後，資訊科技才有意義。

資訊科技工具在企業建置運用的常見模式，首先是內部開發，能客製化量身定做，但取得成本較高，往往不適合多數中小企業。其次，是委外開發，花錢找專業軟體公司或專業個體戶的工程師來外包。最後，是買行業標準版的套裝軟體，差異的部分用系統設定的參數來調整。

千萬別太迷信新流行的資訊科技，它無法治百病，更不是萬靈丹。至少在面對客戶時，**人與人之間的溫度價值，遠高於資訊科技的冰冷度**。人會有七情六慾、愛恨情仇與喜怒哀樂，人的情緒變化，你看不到摸不著，卻可以在面對面時輕易感受到。這些無形價值，都不是用現今的高科技就可以完全模擬出來的，更難讓客戶感受到價值的溫度。

顧問提醒

科技，始終來自於人性。
複雜的事，要簡單做。簡單的事，交給科技工具去做。
經營，在於提高企業被市場客戶認可的價值。

第20關

貫徹到底的策略執行力，如何培養？

「怎麼會跟預算目標差那麼多？這一季的通路業績整整落後百分之三十！到底問題出在哪裡？之前開會時，你們不是都說沒問題嗎？誰能解釋一下真正的原因是什麼？」

「這個問題在半年前就發生過了，那時候的會議不是檢討過，也確認我們的改善方案嗎？那為什麼這次又發生錯誤？這樣不止造成我們的財務損失，還破壞了通路對我們公司的信任。」

張副總生氣的對吳副理發飆。也難怪她生氣，幾次交代工作下去，吳副理不是沒有準時完成交辦的工作，有問題也不提早講。發生過的問題，經過檢討幾次，也有了決策改善方案，但卻不落實。哪個老闆喜歡被員工開天窗？經常幫員工擦屁股？

無論經營者能訂出多好的經營策略，若沒有落實貫徹的執行力，到頭終究是一場空。員工執行力問題，永遠是主管的痛。但執行力不是只有觀念、知識，它其實是習慣、紀律與態度。這些都是基本功，但卻也是一般員工最難做好的地方。

可執行的策略

企業不管大小，就算策略訂得再好，難在這個策略能否有效落實，達到預期的目標與進度。企業經營的價值也不是用說的，而是落實在策略執行，以執行力展現企業的市場價值。策略，是拿來執行出成果的。

不能落實執行的策略，不但浪費企業資源，也代表這不是真正的

「策略」。企業經營不但要做對的事情，而且要把事情做對。策略方向正確，下對資源運用決策，挑對執行的人，執行力會自然產生。策略方向，包含著執行方向與資源運用方式。

策略執行力產生在執行程序中，展現在你的策略設計中，更體現在你對組織人性的掌握中。規劃策略時，如果沒有想到如何落實在基礎執行動作，你的完美策略只會變成空中樓閣，虛幻的夢想。

策略的PDCA思考

沒有可執行性的策略，跟沒策略一樣。當主管的該知道，沒有完美的P，只有落實執行的PDCA循環。構思策略時，就該把執行上可能的狀況都考量進去，包括投入資源、執行者、監督者、關係人、限制條件、執行方法、變數與可能風險。

當執行過程中有任何問題時，就要主動檢討，落實改善。人非萬能的天神，你無法估算出未來所有可能的變數，需要在執行過程中，隨時對環境敏感，保持彈性與靈活。訂定合適的檢討機制，靈活調整策略與計畫。

環境變、市場變、客戶變，策略就會變。策略會變，執行目標當然就會變。此時，執行力豈有不變之理？效果還是大於效率，把事做對一定沒有比做對的事情重要。

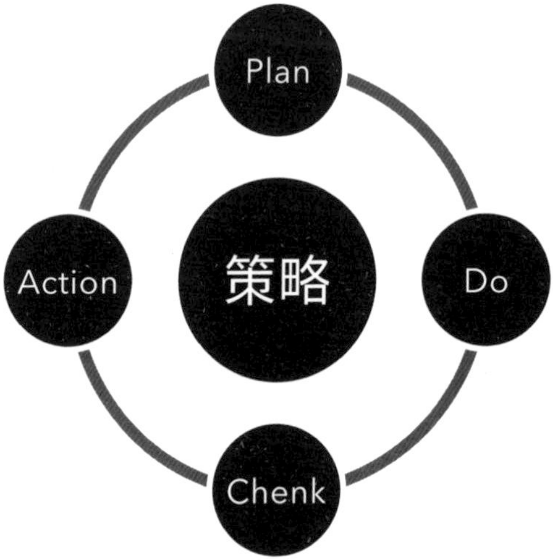

執行的隱性障礙

執行障礙的隱性關鍵點，往往是「人」。策略執行過程中，對企業的預算、權責、人力等無形資源，要能有效的規劃與安排。確保專案執行有關的資源，能為主要執行者所善用。

策略執行前，就該把人的因素安排妥當。執行過程中，要就事論事，且有明確量化執行KPI與進度跟催系統。執行過程出了問題，就要調整人，分析事。有時問題並沒有那麼難，只要把團隊成員的角色重新調整與定位一下，事情就自然解決了。

「經驗值」往往是策略執行的成功要件。沒經驗，往往容易踩地雷，做白工。要懂得善用前輩內化後的經驗值，絕對可以讓你的績效事半功倍。當你懂得用內外部專業團隊的產業經驗值來修正策略變數，就能確保執行成果。

在日常就要用心去注意，大量累積工作有效執行的經驗。在經過歸納整理內化後，就能快速知道你職務上的工作，在哪些關鍵地方會有執行的障礙。

顧問提醒

將帥無能、累死三軍。

策略，是拿來執行出客戶價值，達成企業目標的。

策略執行，要先搞定人，才容易搞定事。

第五道
功法

持續成長

7

商機〈行銷〈團隊〈資源〈盲點

第21關

如何開發新市場、發掘成長的商機？

「陳顧問，這個市場我觀察了一陣子，覺得對公司未來的發展很有幫助。從蒐集的資料分析上看起來，這個市場未來大好。我想準備些資金投進去，你幫我評估看看這樣行不行？」

張董是我的輔導客戶，前陣子因為景氣差，業績降了不少，但他一直積極在思考如何開拓新市場，今天開輔導會議時，特別提出這個開發新市場的投資議題。開發新市場最難，開發成功的報酬通常不低，但風險卻也是最大，更永遠是企業不可避免的議題。

「創業第六年，公司雖然活下來了，但我要如何才能讓公司能更穩定的發展？不會踩到大地雷，炸死自己？」吳總來找我諮詢時，特別擔心企業看似順利的成長，但因為缺乏產業經驗，而不小心踩到大地雷。

企業要持續成長，就要掌握足夠的商機，賺錢獲利來滋養企業。但愈高成長的商機，愈容易碰到大風險。而且要在企業內部建立持續掌握商機的機制，才能促進企業的長期發展。

成長商機在哪？

做B2C[8]生意的，「最終消費者」很重要。若是做B2B[9]生意的，那重點就在「產業鏈」的掌握上。長期成長的商機，一定是跟著與你有關的大趨勢走。不但要能感受到市場趨勢的成長動能，更要能掌握

8 B2C：企業對顧客（business-to-customer），指企業販售商品或提供服務給消費者。

9 B2B：企業對企業（business-to-business），指企業之間互為交易對象。

主要客群的訂單能見度。

開發市場，要懂得「借力使力」，更要「借勢用力」，別光靠蠻力。要騎上一匹「快馬」，才會跑得快，「快馬」就是高成長的趨勢、市場或產品。有時候不是你太遜，而是挑的市場不對。打贏不是比你多強，而是比誰了解自己，且能選對戰場，選對對手。

要培養市場趨勢的洞察力，更要經常去感受市場的脈動。觀察力的培養不是光靠分析研究就夠的，最有效的方法是直接跳進市場、貼近市場，隨時看、天天看。藉由對消費現場的市場敏感度，培養出精準的資料解讀能力。

開發市場商機

1. 騎上快馬
2. 選對戰場
3. 選對對手

避不了的風險

開發新市場或產品時的行銷決策，是一套複雜的思維邏輯。一般的管理決策比較簡單，至少企業內部的變數遠比市場少。行銷決策很難，難在市場的不可預測性與變動，所以商機與風險，一定是孿生兄弟。

商機與風險的拿捏，本來就兩難。追求商機的過程中，不可能零風險，但你可以有效避險。敢攻，是因為不敗。讓自己先立於不敗之地，何仗不能打？**商機稍縱即逝，要搶，就要靠速度**。你的進攻速度，對外可以搶占先機，對內可以降低固定成本的耗費。

評估市場要有資料根據，更重要的是要有市場真實反應的即時資訊。小規模市場測試是個好方法，一個新市場要進去，不要一次把資源全賭上。先投一部分預算做市場測試，見好追加，見不好就調整方向。只要沒有太多陷入成本，就可以輕易閃人。

掌握商機的機制

企業如何才能長期掌握商機？首先，**團隊中要有掌握市場情報，打影響力戰的行銷空軍，以及能攻城掠地收錢的業務陸軍。**至少這兩軍要能充分互補合作，一個做品牌、形象、價值與引客，一個能促進成交，創造持續的營業收入。

市場資訊的掌握，在企業內部裡會有幾個來源，例如第一線員工回報，如何尊重員工，並讓下情願意上達。其次，主管要經常親臨客戶或通路現場，用心感受客戶的期望與痛點。最後是市場相關情報的蒐集、整理與分析，這是一門需要堅持的持續性工作，卻也是中小企業常忽略的重要事情。

長期商機的掌握，其實是老闆的大事，因為企業的大決策權，都在老闆的手裡。唯有老闆掌握商機趨勢，並衡量內部的核心能力與資源後，知道公司內部的能與不能。經過理性的分析考量與風險評估後，知道在短、中、長期目標中，哪些商機適合公司發展，才能做出最適當的經營決策。

顧問提醒

成長，需要方法，更需經營者與團隊的強烈企圖心。

機會與風險相生，想要沒風險，你就會喪失好機會。

經營者要主動迎向風險，管好風險。機會，會自然容易被你掌握到了。

第22關

穩定吸金落袋、持續創造收益的行銷力

「上半年生意比較好，接了幾個大單，都是政府計畫承辦單位引薦的案子，但下半年就都是通路的小訂單了。產品出口的通路到現在還沒有搞定，雖然沒有過得水深火熱，但也不知道公司還能活多久，壓力很大啊。」

「公司沒有業務團隊，通路的出貨量也不穩定。前兩個月剛從大公司找來的行銷企劃高手，上週已經陣亡了。老師，我想請你幫我們公司診斷一下，看要如何發展公司的長期營收模式，提升業務實力。」

企業要長期發展，最重要的基礎就是要有穩定的營收。光有大市場商機擺在前面，如果你沒有吸金落袋能力，都是看得到吃不到的夢想。有好產品，不代表客戶就會乖乖自動排隊購買。企劃案很有創意，也不代表在業務銷售就能長紅達標。

持續收入的來源

創業的初期，往往收入的穩定度不高。在兩三年的市場磨練與通路考驗後，經營者就大概比較能掌握潛在目標客群、賣得動的通路與銷售方式。進入成長期，企業就更需要穩定的收入來源。想要建立穩定的企業體質，也需要穩定收入來源的支持。

能賺錢的營業收入，都來自對的客戶身上與對的定位。你的產品與服務，能否滿足客戶需求，解

創收行銷力

1. 對的客戶
2. 對的定位
3. 對的產品

決痛點上的問題？經營團隊花多少時間去了解客戶，能真正掌握客戶的期望與需求？除了有對的定位，是否也具備足夠獨特、且被客戶所接受的差異化，得以持續提供客戶新的價值感受？

好產品，永遠是行銷力的基本。產品力夠強，才能帶給客戶最直接的價值感受。市場有錢賺，就會有競爭者跟替代品進來，客戶也一定會做比較。你的產品與服務，一定要有足夠的市場競爭力。實體類的產品，往往比的是CP值（cost-performance ratio，成本效益比）。服務類的產品，卻是比客戶實際感受到的體驗價值。

行銷企劃力

一家公司的行銷是誰的事情？嚴格上說起來是全公司的大事，更是帶頭老闆的重要事務。它會影響到的範圍很廣，包括企業的品牌、來客、營收、利潤與無形資產等等。中小企業的行銷企劃，若無法落實到業務成果面上，往往容易曲高和寡，流於空泛的創意。

行銷企劃的基本力量，來自於對市場客群的觀察與影響。你的行銷企劃案，可以用「拉力行銷」，想辦法吸引顧客上門，例如公關媒體宣傳或活動推廣等等；或是用「推力行銷」主動去推客戶一把上門，例如業務開發與電話行銷等等；或是拉推兩種並進，讓好產品被看見，讓好客戶進得來的「整合行銷」。

多數行銷企劃高手都有第一線的業務或門市經歷，可以真正體會到該如何發揮行銷的力量去創造業績。**懂得善用左右腦，在右腦的創意創新、發散思考或設計思考下，也能有左腦的理性分析，以事實依據去評估行銷決策，做好可行性評估與風險因應。**

持續行銷力的建立

既然以企業組織的方式去經營事業，就是要靠團隊智慧與力量的整合，才能創造更高的價值。再厲害的經營者，也無法一個人包掉所有專業的工作，何況是行銷這樣高度專業與整合的工作。你需要在工作中建立起長期行銷策略，能不斷促進產品銷售，帶進穩定收入的機制。

首先，要持續且穩定的掌握市場需求與競爭的節奏，這是營收來源的基本動能。其次，建立行銷與業務團隊，將行銷力與業務力做最適當的結合。還要發展合適型態的行銷通路網絡，無論是自建或是合作，虛擬或實體，重點是要能夠貨暢其流。

還有不斷創新研發的競爭力產品組合，這是營收的活水來源，也是根據市場需求而不斷提升企業滿足能力的根基。最後，千萬不要忘了，無論你是做B2B或B2C生意，品牌形象都很重要。品牌不但代表你公司在市場上讓客戶信任的形象，更包括客戶對產品與服務的認可。

顧問提醒

持續創收的行銷，是企業的大事，更是經營者日常的首要大事。穩定的營收來源，更是企業持續發展的根基。經營者別讓自己只看市場分析報告，也別只關在辦公室研究行銷計畫書。唯有隨時掌握第一手的客戶資訊，才能真正做好行銷大決策。

第23關

人多不一定好辦事！團隊成長與升級怎麼拿捏？

「總經理，這次我上個月去外面上課後，回來規劃的新組織圖與職權安排。」管理部裡管人事的小劉拿了一份文件給陳總。陳總一看嚇到，哇！好大的編制啊？「這樣的薪資預算你算過了嗎？這些人要從哪邊找來？」

Jenny在考慮：「要不要把創業股東之一的Nina提升上來當總管理部主管？可是她以前只是店長出身，沒有行政財會經驗。忠誠度是一定沒問題，但是專業程度落差太多，如果找個空降的主管來，不知道能不能管得住底下員工？」

「他升上來半年了，私底下同事都會來跟我抱怨他的溝通能力很差，只會抱怨大家不配合他，交代給他的幾件重要事情，一直沒結果，也不主動回報。我很想換掉他，但不知道還有誰可以提升上來啊。」

這個問題讓Robert這個執行長在假日也無法休息，腦袋拚命在轉，看能不能找到好方法來解決。

在企業營收不斷提升或持續擴張規模時，原有的經營團隊，也要跟著成長與升級。舞台上，要擺對人，演對的角色。人才，也需要對的舞台與角色。頭痛的是，舞台也有，但是誰可以扮演好這個重要角色呢？身為經營者，常面臨要重新規劃組織的難題，不知如何把對的人安排到對的位置上。

合理擴張成長

很多在成長期的組織擴張狀況，往往是因為對市場需求或營收預估過於樂觀，反而造成很多負面問題。無論是市場同業的瘋狂投入，被媒體推波助瀾的影響，或短期的兩三張大單，菜鳥經營者就很容易盲目地想快速擴張組織編制，或相關產能設備投資。等到後來發現市場發展不如預期時，就發現經營的包袱愈來愈多。

因應企業成長擴張

1. 開發員工潛力
2. 善用科技軟體
3. 團隊成員升級
4. 領導力要提升

首先，你應該先思考如何激勵與授權，先激發出現有員工的潛力。把人擺在對的位置，加上領導者的引導激勵，有時候好人才給高薪資，一人可以當兩人用。其次，是導入並運用科技工具或網路資訊系統軟體，有效提升工作效率。此外，若是無法確認需求的穩定度，或是自己內部沒有專業的人，也可以考慮專業外包。

最後，才是針對營收成長與獲利結構的未來改變趨勢，做適度的組織調整與擴增。千萬要記住，**人多不一定好辦事，反而會增加更多溝通與行政成本。**只要用對的人，規劃對的流程，組織根本不需要太多人。何況，在人力精簡中去完成挑戰性的目標，這些成員才會成為真正的團隊菁英。

團隊成員的升級

當你真的審慎思考過後，決定要擴張組織編制人數時，請先做好團隊成員的升級。別急著找新主管來空降，先考慮現有舊人的提升。若把升官發財的機會都給外人，很容易寒了團隊成員的心。有些人只是需要機會與舞台，給予適當教導，就能發光發熱。

員工培訓，是一件本來就該持之以恆的固定工作，而不能臨時抱佛腳。激勵員工勇於接受挑戰，願意在觀念與技能上去自發性的學習成長。不會就學，不懂就問。內部沒有人會的東西，就付費找專家來培訓指導。培訓花的錢，不是成本費用，是企業重要的長期投資。每個成功的企業家，都是好學不倦的人。

不適任的人要捨得更換。在企業成長變革中，總會有人跟不上。這些人的離開，往往不是壞事。**你要讓組織成為流動的水，而不是停滯不動的腐水。**領導人要對自己走的路有信心，得具備長期堅持的毅力，掌握對的節奏，堅定走自己的步伐。而新成員進入或新主管空降，經營者有義務要主動協助大家彼此逐步磨合，才能迅速融入團隊中。

領導力提升

組織擴大後，你就需要增加部門主管。但在基層資歷夠深、做得夠久的人，不代表就適合當一個部門領導者。領導魅力是需要培養的，除了基本的以身作則之外，要找到每個人的激勵因子，去激發他的工作潛能。此外，要優先把手邊的每個成員先帶好，**當你能帶出滿意的員工，自然就容易吸引到好人才來跟隨你。**

除了職務上該有的專業之外，管理技能也是要提升的。主管基本必備的GPDCA[10]能力，能兼顧效益與效率，去達成挑戰性目標。還要懂得溝通組織成員、協調工作流程與整合部門的力量，以及具備需要跨部門共同完成工作的能力。

領導力的提升，是無形的能力提升，要提早讓潛力人才做職務歷練。例如擔任主管的副手，如副理或副店長職務的歷練，以協助或代理的方式，從旁觀摩學習主管的工作與角色扮演。更高的職位，就需要跨部門與多部門的歷練。真的別對員工太好！有效學習成長，多數是在挑戰與承擔中獲得的。

---

10 GPDCA：PDCA加上設定目標（goal），強調讓其過程能有明確的目標導向。

顧問提醒

團隊的成長，別只看到「量」，你該更注重團隊的「質」。

請讓事情被員工完成，而不是讓領導者你自己完成。

別當一個很強的領導者，要成為一個能帶領很強團隊的領導者。

第24關〈把企業資源花在刀口上：如何有效運用與分配？

「老闆，這個市場我們根本不熟悉，這樣的行銷專案預算太少了啦，真的很難做。跟我在前公司的行銷部門預算比較起來，連三成都不到啊。」Nina以前是大公司的行銷經理，習慣做大預算的行銷專案，到現在這家小公司只有半年，經常為了行銷預算跟老闆抗爭。

「我們公司沒電商通路這方面的人才，現在要轉型發展O2O，把線上線下一起整合起來做，是真的有難度啦。顧問，你有沒有好建議？有建議的外包廠商嗎？」王總是傳統藥局的老闆，看到現在新品牌藥局都在發展保健品的電商事業，覺得自己不改變就快跟不上了。

企業發展到了成長期，有些事情發展所需的資源，花大錢還不一定能找到。更何況在營收現金還不是很穩定的階段，對現金運用更該保守點。此時，你一定要懂得如何有效整合資源。

資源來源與運用

企業因擁有不同的有形和無形資源，且具備可將這些資源轉變成獨特能力的本事，而在市場上形成優勢的市場競爭力。這些資源，在不同的企業間，有時是不可流動且難以複製的，因此能創造企業經營的獨特競爭優勢。

經營實力，首重團隊要能掌握「天時」，能看懂並掌握對的時機與力量。善用手上已有的資

資源整合關鍵

1. 內部資源流通善用
2. 槓桿效應，各盡所能
3. 互通有無，各取所需
4. 利益有效分配

源或去整合外部資源，會互通有無與搭橋鋪路，才能借力使力，發揮槓桿效益。在現金流出最低的狀況之下，創造長期最大現金流入與無形價值。

不同資源的來源，有很多不同的取得管道，但也有該承擔的代價。除了自己賺的錢、內部與股東的資源，也可以從員工、客戶或廠商的人脈，或靠同業與異業合作，以合適的代價，去取得適合企業的資源。

策略聯盟

「策略聯盟」的合作方式，是較常用且有效的外部整合方式。主要的目的在運用資源互補的綜效，實踐了典型的「各盡所能，互通有無，各取所需」的合作關係。可在規劃時，讓企業藉機自我審視檢討，替組織注入新的改善能力，並讓組織視野往外延展。

「策略聯盟」會有幾項具體效益：在行銷面上，可以壯大行銷聲勢，擁有影響力，更容易吸引目標客群的眼光。雙方或多方合作，可以擁有規模經濟效益，進而降低各自發展的成本。而在聯盟過程中，彼此可以良性的互相觀摩學習，有助於建立自己未來的能力與資源。

有幾項風險須注意，在合作過程中，可能會因為規劃或管理不當，而犧牲企業的內部機密性。也可能因彼此利益衝突，而要冒被盟友出賣的風險。此外，萬一合作對象臨時終止合作，也可能給企業留下難纏的後遺症。最後，若是長期因過度依賴合作對象，而未藉機逐步建立自己的資源，反而會失了自主性。

有效分配

資源的形式，可以分為有形或無形。存貨、場地或設備等有形資源的合作，多數是交換。品牌、客戶、通路與影響力等無形資源的合作，多數是看綜效。整合的企劃方案，就是要將合作對象彼此間的有形與無形資源整合起來，讓合作的效益極大化。

分配必須有效，就要讓合作對象都能滿意。能具體感受到合作大利益，就容易全力以赴去盡義務。市場行銷上的合作，重點就在通路利潤上的有效分配。**產品要在通路上賺錢，就是要貨暢其流，把商品賣給對的客群，銷售周轉能夠跑得動。**

規劃期，就需要花點時間去了解，明確掌握驅動合作對象積極行動的誘因與動力是什麼？資源該如何整合與分配？過程中，會產生哪些直接或間接利益？如何分配好有形與無形的利益，才能有效驅動合作者之間的行動？

顧問提醒

利益能有效地分配，資源就自然容易整合。資源的價值判斷，決定在經營者運用的智慧與本事。有本事的經營者思維，你的資源就是我的資源。我的資源，借你用了以後，還是我的資源。看似我沒什麼資源，其實到處都是我的資源。

「他今天脾氣不好，不要理他啦，閃遠點就好。」執行長Tony在客戶那邊吃癟，回辦公室後，亂發了一頓脾氣，結果把新人氣得快哭了，Rose急忙安慰著她，說Tony的情緒管理比較不好，等氣消了，又一副什麼事都沒發生一樣，老員工已經見怪不怪了，要她別放心上。

「老闆，那件異業合作案還要進行嗎？對方抱怨我們動作太慢，上次會議討論後已經一個月了都還不決定，他們好像不太想再跟我們合作了。」行銷經理Jenny在會議中，直接跟老闆報告合作案的狀況。但老闆還是提出一堆擔心的問題，沒打算要立即做出決定。當員工時，總覺得老闆是笨蛋。當上老闆後，才發現你自己就是那個大笨蛋。

老闆要做好決策，其實並不容易。攻守之間，到底算是積極或是躁進，是保守還是穩重，充滿著決策的兩難與風險。

其實再聰明的人，一旦身歷其中，就總是會犯一些在旁人看起來，根本不該犯的笨錯誤。人性，總是能清楚看到別人的錯誤，看不到自己的盲點。老闆也是人，愈有主見與自信的人，往往就更容易陷入思考盲點中。

常見經營盲點

在多年的職業顧問生涯中，看過許多在不同行業、背景與資歷的老闆在事業上的經營實況。整理以下幾個常見的經營盲點給你

常見經營盲點

1. 自大自傲
2. 情緒侏儒
3. 謹慎過度
4. 陷入個人主觀
5. 忘了我是誰

參考，請經常提醒自己，千萬別犯了。**你很難是經營常勝軍，但只要少輸就容易多贏。**

一、自大自傲

因過往成功經歷，而傲慢自大，自以為是。尤其是過往資歷豐富，或自認看過很多成功與失敗案例的人，會以為其他人的這些呆問題與笨行動，絕對不會發生在自己身上。或是事業經營幾年小有成就時，就容易自滿自大，忘了低調與謙卑。

二、情緒失控

經營者的日常工作不但繁多，且當核心團隊尚未建立好，管理制度也未見完善時，倘若再加上市場競爭與營收壓力，此時經營者因為壓力造成的睡眠品質不佳，更容易情緒失控。往往因此無法冷靜分析思考，衝動決策，犯下不該犯的決策錯誤。

三、謹慎過度

高學歷的創業者，容易過於相信理論。被過往知識限制前進步伐，不敢放手做決定。其實，理論只是過去的正確方式。對企業來說，市場才是唯一的正確理論。此外，有些會因完美主義個性，過度小心。就算有完整的資訊蒐集與分析報告，還是持續在兩難決策中糾結。

四、陷入個人主觀

當你是某個領域的專業高手，就容易陷入專業的本位主義。財會高手，易過度把數字管理與財務績效當作唯一管理基準。業務高手，常以成果業績導向，忽略長期行銷、長期技術研發與客戶價值的經營。而技術高手，自然容易以為技術萬能，可以改變世界。

五、忘了我是誰

有些創業明星，因搭上政策或市場大趨勢，得了幾個大獎項後，成為舞台上的金童玉女，享受台下觀眾掌聲與媒體鎂光燈後，容易忘了自己是誰，不斷地陷在其中，藉由追求一個個獎項，來獲得短期的業績，忽略創造客戶價值、打造團隊，為客戶、員工與股東獲得長遠更大價值與利益，才是真正的本業。

成長與修煉

要避開這些決策盲點，經營者就要時刻警惕自己，好好修煉自己的智慧經營之道。首先，要培養自己夠大的格局觀、視野高度與廣度，外圓內方，時刻歸零，謙虛認真。**世界很大，競爭壓力很急且很快，但你的心要更為寬闊且更廣大，自然容易情緒穩定地去包容一切。**

日常要持續修煉自己的心智、健康與情緒成熟度。不被自己的過去經歷與經驗限制，理性回到事實與市場。在風險能管理好的前提下，主動積極的去發展事業。持續掌握市場成長的養分，勇敢面對挑戰與競爭，才能淬煉出企業的好體質。

經營者修煉自我的等級，往往就決定了企業發展的實力！

顧問提醒

經營者的人性難處，就是不易看到自己。要習慣歸零，傾聽客戶、團隊與專家的聲音。當你愈容易看到自己的盲點，自然就容易做出正確的決策。

經驗很重要，但別被過去的經驗限制了你的決策智慧。愈聰明的人，往往容易做出愈笨的決策。

第六道
功法

獲利突破

7

困境〈反省〈限制〈創新〈突破

第26關 不當被煮熟的青蛙：改變，便能突破經營困境

「我也沒想到啊，他會跳槽到這家競爭同業去。這個主管從我創業開始就在公司了。公司的狀況跟新產品的發展細節，他完全是一清二楚的。我跟他感情一直不錯啊，現在也不知道是該告還是不要告。」

「當初覺得公司生意不錯，這幾年都有賺錢，雖然競爭大了點，但也沒想到中國市場起來得那麼快啊，以前跟台灣本地公司競爭還簡單點，現在要跟中國廠商低價競爭，而且它們的品質也沒差到哪去，壓力超大的。」

「前兩年綠能正熱門，媒體到處在報導，政府也在推廣給補助啊。最後就投入一大筆資金進去開發新產品，沒想到後來市場退燒得那麼快，市場產能過剩，大家都殺價到流血見骨了。現在後悔也來不及，手上積壓的資金愈來愈多，快喘不過氣了。」

無論多聰明或曾經多厲害的經營者，明知道所用非人，明知道行銷比銷售重要，明知道天下沒有白吃的午餐，明知道市場上不會只有我們公司獨家銷售，明知道客戶感性比理性面大，明知道大公司來的高管，不一定比較管用……明明都知道，但就是會不理性的跳進去。

在困境中，只因老闆是當事人，就容易陷入雲深不知處的陷阱中。早點醒悟，頂多損失些銀兩，就怕耽溺其中，而不自知。更重要的是，往往經營者不知道自己才是真正的問題根源。

改變的代價

「改變」，代表著你知道現況不佳，或未來會更糟。不管你是被迫還是自願的，你看到了問題，也想解決問題，積極掌握更多「機會」。但別忘了機會的雙胞胎兄弟：「風險」，一定也存在。當面臨決策壓力與風險時，你一定要記住：「明天的代價，一定比今天高。」

不改變，你將損失機會、時間與人才的耐心。更重要的是，你將喪失自己一鼓作氣、勇於改變的機會。你可以不改變，但必須能夠承擔市場變天時的慘痛代價。不改變，當你沒有競爭力時，早晚都得死。改變，甚至變革時，經營者的內心最難煎熬，因為一定會有「得失心」。

策略本就是在取捨，沒有全贏的觀念，但是很多經營者卻總希望自己「穩贏」。得失心往

困境的改變

1. 接受改變的代價。
2. 尋找商機，承擔風險。
3. 不當被煮熟的青蛙。
4. 樂觀轉念，積極行動。

往來自於「貪」，什麼都想要，什麼都不想投入，也不想失去。**東推西拖的，無法快速決策的結果，往往最後都會失去更多。**

困境與絕境

困境好解，絕境難破。困境，大都是外在條件造成的，總會找到解套的方案。絕境，卻往往都是經營者自己的內心被打敗了，消極就看不到希望，畏縮就不會置之死地而後生。解決問題最好的方式，不是先分析問題，而是主動承擔風險，積極找尋機會。當機會夠大，問題往往就不是問題。

雖說解鈴還須繫鈴人，但陷入困境後，若經營者只會抱怨環境，怪罪同事夥伴，此時，經營者自己打的這個結，就很容易從活結變成死結，愈來愈難解開。會被困住，往往是因為你看得不夠高，看得不夠遠。或因太貪功、貪速成，而下錯決策。

碰到困境時，一定要積極樂觀。積極，去尋找所有可能的機會與資源。當你夠用心積極，你會發現機會與資源就容易跑出來。樂觀讓心柔軟，讓你有創意，能創新。**能樂觀積極，就不會有絕境；找到機會與資源，就不會有困境。**

不當被煮熟的青蛙

「被煮熟的青蛙」是大家熟知的故事，但是卻日復一日的在經營者身上出現。青蛙被煮熟，只是因為水太過滾燙嗎？或是因為青蛙神經遲鈍，明明熱火朝天，卻又反應不敏感？還是青蛙蹲在鍋底，抬頭只看到鍋頂的天，卻沒看到鍋底外火熱的柴火？

人性都是習慣安逸，當沒碰到不改變就會死的困境，改變都只是「想」而已，缺乏積極改變的行動。有時候，連突破都不去想，那就只能等死。改變有沒有特效藥？特效藥往往都有副作用，但我可以給你不傷身的維他命。以下是開給你的六種維他命：
心寬念轉，海闊天空。
山窮水盡疑無路，柳暗花明又一村。
不會就學，不懂就問。
資源來自人脈，專業來自經驗。
沒有不可能，只是方法還沒有想到。
明天的代價，一定比今天更高。

顧問提醒

要改變了嗎？你要拖到什麼時候，才要開始改變？
夢想的實現，來自積極的行動！

第27關

不景氣，更要懂得反求諸己

「產業裡大家都很不好啦，同行為了生存更是惡性削價競爭，破壞整個市場行情，這些人真的很糟糕。我們公司已經關了兩個工廠，這個農曆過年前，預計也要裁員不少人。董事長希望我們能夠規劃轉投資新事業，問題是現在這樣的爛環境，還有什麼行業是可以投資的？」

「現在的年輕人，都是爛草莓啦。進來沒兩天就是請假，上班也沒精神，不敬業。在學校也不知道學什麼，基本概念都沒有，都要從頭教起。光靠公司這些老員工，沒有新血進來，這樣怎會有競爭力？」

景氣好時，大塊吃肉，大口喝酒，也沒看你感謝過誰，似乎就你自己是天縱英明。不景氣，為什麼你總會有那麼多抱怨，而問題總是別人的錯。不景氣，不會是一天之間就突然跑出來的。你真的深切反省過你自己嗎？

不景氣該怪誰

別愛抱怨不景氣，也別老怪政府政策差、怪員工沒能力、怪產業惡性競爭、怪客戶殺價見骨，更別怪老爸老媽沒給你生個好八字，其實該怪的是你自己。「不景氣」這三個字都講了十幾年了，就是有人可以賺到錢，但為什麼不是你？永遠都會有人生意做不好，感覺到不景氣。但只要我們有足夠的競爭實力，這些喊不景氣的人，就不會是你我。

有些公司過得辛苦，但也還能勉強辛苦經營著。而你卻必須借貸度日，終日抱怨連連，害怕公司不知道哪天撐不下去倒了。媒體上，總是有人鹹魚翻身，但偏偏不是你這隻臭屁驕傲的金魚。以前錢好賺，那多數是環境、長輩與政府給你的，有多少是靠你自己的本事掙來的？面對多變的環境，你有持續為了累積自己跟公司的實力而努力嗎？

商場自然法則，本就是有起有落，優勢劣敗。景氣好時，是否能謙虛以對，高築牆，廣積糧？景氣不好，能否深切反省，高度自律，厚積薄發？或還是重面子，不要裡子？不要問我好景氣何時回來，要先假設，不景氣會持續很久。

集中與專注

不景氣中，改變的關鍵在取捨，尤其是「捨」的減法哲學。**不強的不做，不擅長的不做，沒競爭力的不做。**要從核心強項發展，由優勢機會擴張。重新深入了解市場，深刻檢討反省自己，用心去找出你的優勢舞台。

你的優勢定位與核心競爭力所在，就是貴公司的安身立命之處。在客戶眼中的你是誰、你的專長與能力是什麼、產品與服務有什麼特色與價值？此外，市場有什麼機會突破口？到底什麼樣的產品與服務會讓很多客戶買單？優勢很少或很小嗎？沒關係，你從現在就開始節衣縮食，戮力培養。比氣長，比底深。

不景氣，中小企業就要做小、做專與做深。做小，盡量降低投資規模與現金流出。做專，企業根基的打樁要夠深、體質夠精實。做深，要夠徹底了解客戶，深入到底。現金為王，看長做深。凡事謹慎小心，大機會也可能是大陷阱，別輕易亂跳進去！

反省與行動

你花多少時間在追逐市場流行，還是專注客戶需求？客戶是誰、客戶在哪裡、如何讓他看見你、如何讓客戶購買？如果你自己都不知道，你有什麼資格在不景氣中存活？最看不清楚自己的，往往就是你自己。

還在開名車、住豪宅、品酒應酬、戴名錶嗎？請大幅降低這些虛假的支出，維持最低管銷費用支出。企業損益兩平點要降低，太高就容易虧損，讓企業能精實瘦身。痛定思痛，認清現實與真實。一步步重新開始，沒有白吃的午餐。過去已過去，最重要的是現在與未來。

智者事事反求諸己，愚者處處外求於他人。要耐得住寂寞，經得起折磨。景氣總會回流，所以現在你的企業需要在財務穩健支撐之下，積極去做整頓開發。設定具體目標，聚焦在有成果的行動與養成好習慣。**反省、學習與行動力，是面對不景氣時，振作起飛的三帖良藥。**

不景氣五大因應心法

1. 不景氣會持續很久
2. 深切反省，高度自律
3. 取捨、集中與專注
4. 做小、做專與做深
5. 學習與行動力

顧問提醒

不景氣，剛好就淘汰不爭氣。是你嗎？反正不會是我！

第28關

要突破成長的限制，得先養好企業體質

「陳老師，你最近幾天有空嗎？我這週剛好去台北談海外合作案，順便找你一起喝杯咖啡。」年輕的張總跟我是在一場品牌研討會中認識的。他這兩年在南部的事業發展得不錯，不過私下卻碰到幾個讓他睡不安穩的問題。在簡單溝通了解後，我答應下週南下到他公司診斷，看是否能提供進一步的建議。

近年來的輔導對象，出現了一個趨勢。這些老闆大多才三十多歲左右，學歷一般且非商科，但都有顆不服輸且好學的心。多數是白手起家，胼手胝足的把天下打下來。只是企業發展到一個快速成長的階段，突然間碰到經營的天花板，在企業高度成長與風險中，進退兩難，苦思不知如何突破。

成功的喜憂

小小公司在創業辛苦數年後，終於變得有點規模了，營收一直成長，員工數也不斷增加，不用再像創業初期每天擔心。除了市場豐厚獲利的回饋以外，心中終於有些許的成就感。不過，每天在沙場衝鋒之際，經營者心中深處不免喜憂參半，浮現隱隱的不安感。

心中喜的是，業績營收不斷往上攀升，媒體對企業成功題材的青睞，更獲得不少免費廣告的採訪與報導。憂的是忙碌中，員工不斷地抱怨，該有的進度追蹤會議與報告，也未見落實。經營者似乎每件事情不自己盯著看，就不會安心。幾位開國元老帶著抱怨離開，而高薪新聘主管的表現，卻還只是差強人意。

經營者的頭開始痛了，怎麼團隊、制度與管理等面向，似乎都出了問題。原來創業成功的標籤，讓經營者更害怕失敗。心中無形的壓力與擔心，日漸擴散累積。經營者感覺就像馬戲團表演者一樣，每天在高空平衡木上驚險行走。

突破限制的體質

創業初期的大成功，往往都來自機會財。大環境賜予的好機會，讓經營者賺到第一桶金，並讓企業開始逐漸成長。機會財很難掌握，更難複製。企業原本在高度成長下的脆弱體質，若不儘早改善，逐漸虛胖的體質根本不知道還能撐多久。

一般企業體質評估中，會藉由損益表、資產負債表與現金流量表中的財務數字量化指標，來檢視衡量企業有形的體質狀況。不過，**往往最**

難衡量也最值錢的，卻是非量化的隱形指標。最有價的企業品牌、理念、文化與團隊精神等隱性指標，都要靠願景、目標、策略與制度的力量，才能有效支撐住。

經營突破，不需要太深奧的理論，經營者只要掌握經營的節奏，把該有的基本動作做好，如經營理想與願景的宣揚、與團隊共同擬訂挑戰性的目標、人才的培訓與組織精實，並建立合適的管理制度，潛移默化且融入日常工作。企業體質變好，自然能在穩定中成長。

企業體質評估	
有形體質	損益表、資產負債表與現金流量表的財務數字
無形價值	品牌、理念、文化與團隊精神等隱性指標

突破成長

企業經營突破前，經營者必須先有效學習成長，自我突破心理的限制。經營者在企業高度成長後，往往不知道該擔心什麼或是不知道到底還缺什麼，只知道需要重新定方向，找目標，卻不知道該如何尋找未來的發展策略與市場布局，如何補強企業缺口。

經營者大都很會打江山，守江山卻比想像中難。財務管理、營運制度、團隊培訓與e化系統等等，對年輕經營者都是不熟悉的領域。會碰到不同的專才，有不同的特質，講著不同的語言。經營者需要重新學習領導與溝通，並幫大家重新建立新的制度與習慣。

企業的商業模式，隨著市場改變與組織的成長，也需要調整。經營者需要重新權衡市場發展的下一波成長動能，深思如何借力使力，再創另一波高峰。江山代代人才輩出，各領風騷數百年。**想要有百年的企業，就要先打造能持續百年的經營體質。**

顧問提醒

人的身心平衡，體質自然健康，企業經營亦然。好人才、好制度、好文化與好習慣，企業體質自然變好，自然容易突破成長。

第29關〈 擺脫阻礙，創新突破的實務觀點

「我們今年底的策略會議，要特別加上創新這個議題。公司的主管腦袋思維都太守舊了，我們需要更多突破的想法。大家要勇於嘗試，做事不要綁手綁腳的，不然怎麼能創新突破呢？」張總在開月會時，特別語重心長的跟大家提起。

「不創新，就等死」這是媒體上常見的聳動標題，真的讓很多老闆寢食難安。也更彰顯了蘋果、Google、Facebook、阿里巴巴、Uber等創新商品或服務的市場價值。無論大小規模的企業，「創新」已被多數經

營者視為促進企業成長發展的靈丹妙藥了。

創新，是個說起來簡單，執行起來卻不容易的主題。你可以事後去分析這個創新成功的關鍵因素是什麼，卻很難在事先就明確掌握，並讓這些因素組合起來能有效發揮創新效益。你無法忽略創新，若不先創新成功，就等著別人創新成功後，削弱你的存在空間，甚至導致你的企業消失。

做生意的基本，就是一切都會「變」。你會的跟你有的，只要你做得不錯，就會有人學，有人跟你競爭。永遠有人有新觀點、新想法或新方法，而且有本事發展出比你更能滿足客戶需求的新產品或服務。

創新的大石頭

在市場上，第一個嘗試先做的人，風險較高，報酬也最高。老二哲學不是不行，但就怕你跟上前浪的速度不夠快，晚一步就會被淘汰在沙灘上了。**創新，不只是企業面臨的壓力，更是生死存亡的競爭之地。**

創新，代表著新風險。不願承擔風險的人，就容易變成組織在創新之路上的大石頭。因既得利益或組織僵化等因素，部分老員工自然容易成為創新大石頭中的一大塊，也容易在企業的非正式組織中，引發不少創新的負面影響。

不少企業經營者在創新與變革的風險承擔上，往往習慣用過去的思維來理性分析創新，評估創新的量化投資報酬率。創新，很難是結果導向，但在企業內部卻需要面臨「量化目標」管理的考驗。

創新的突破

創新，是突破的好思維。可以從產品、服務、流程、策略與組織等面向創新來看。產品創新上，多數指的是技術、功能、發明、專利、製程、工具、設備與應用等創新。這有兩大困難之處，一是新產品上市的行銷，往往九死一生，成功率不到一成。另一個困難是被山寨複製，求告無門。

服務創新，若太特色化或個人化，則規模營運的成本就容易過高。搞得每個客戶都是專案客制，錢就難賺。服務創新，往往在資本、設備與人員上。而服務的核心則在掌握情緒面的五感。流程創新，指在內部營運流程

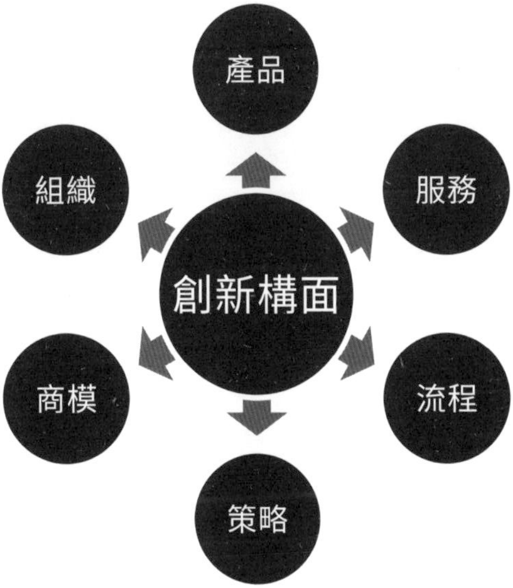

與客戶服務流程上，要能高價值、快速度與低成本。

策略創新，指在附加價值鏈上創新、建立新營運模式、改變產業的競爭規則，藉此賺得更多利益。而組織創新上，組織愈大，愈容易被過去的資歷與經驗限制住。有資歷經驗的人若不能歸零，只好找不易受限的年輕人。當然也可藉由策略合作、轉投資或併購等方式，從組織外部來創新。

生意人的創新

創新的方法很多，市場上有數以萬計的相關著作、研究與媒體報導。創新方法的核心架構中，無非是善用右腦的無限創意與想像，加上左腦的理性分析與歸納。在發散與收斂中，找到創新的切入點。但，人腦容易被過去的經驗與習慣僵化，自然就不易創新。

當創新切入的視點與觀點不同，發展的創新就自然不同。因此，提供給客戶腦海中「定位」形象，也自然不同。但不變的是，創新是為了客戶與市場，以及企業的長期競爭力。成功企業家不想冒大風險，多數都是「漸進式創新」。創業年輕人比較有條件冒風險，反而有能力走「破壞式創新」。

創新，對生意人來說，就是投資中的風險。當然，也代表著無限可能的機會。做生意，當然要掌握機會。而風險只要是能被承擔、分攤或轉嫁，任何創新就容易被老闆接受了。不過，若無法協助企業長期成長獲利，那要你的創新何用？

顧問提醒

企業需要藉由創新，來突破市場、引發下一波成長。

創新，考驗著經營者的格局與膽識。

創新的可能，都是因為你相信：「你的想像，沒有不可能」。

第30關

創新＋複製，獲利突破的兩大武器

張董經營通訊設備的零件買賣多年，營收一直維持在新台幣七八千萬左右。近兩年來，業績雖然還勉強維持著，但毛利與獲利卻逐年下降。他要求公司的團隊找出因應辦法，但每次拿出來的提案似乎都見樹不見林。去年新開發的產品在上市後，銷售業績更遠遠不如預期。

Robert的電商新創事業，才創業不到三年，是傳產寵物食品與用品代理商大老闆轉投資的電商新事業。原本大老闆期望能搭上O2O的新潮流，突破原有事業發展的瓶頸。畢竟代理商的角色逐漸被市場弱化，在長期發展上，總要未雨綢繆。但投資這三年來，似乎效果遠遠不如原先的預期。

對多數老闆來講，總是擔心在時代環境的競爭下，事業能否不斷的突破攀升。無論是現有企業營收增長突破，還是轉投資新事業的突破，老闆們心中都很期望，每個新改變都能為企業帶來經營突破發展的新契機。

突破的兩難

事業突破最難的關卡，是主事者的心態問題。想要掌握機會，又不想冒太大風險。偏偏機會與風險相生，這是矛盾的兩難。做生意，不只是要能掌握機會賺錢，也要能分攤或移轉風險。小機會，可以小賭。要大賭事業身家的機會，則是多數老闆都不願承擔的大風險。

嘴上說要事業突破的，都是老闆或高層。但是最保守怕死的，也往往都是老闆或高層。事業愈大時，自然愈難。無論是資產、地位、權力與利益，擁有的愈多，自然更害怕失去。冒險突破的事，多數是年輕人去做。因為擁有不多，自然也不太擔心損失。

改變，往往來自市場。突破，需要換位思考。站在市場角度與客戶立場去觀察思考，這是重要的基本動作，但也違反多數人習慣本位思考的習性。突破點，不只是看到機會的發生，也需要有足夠的資源與能力。在對的市場定位下，集中資源，自然增加聚焦突破的機會。

突破的生意經

事業突破，需要對的時機與定位。天時、地利與人和中，天時最為重要與困難。時機對了，以市場動能來引導與支撐，順水推舟，順勢而為，效益自然就高。**創新與複製，是突破的兩大武器。**創新，也怕被山寨。要懂得如何讓自己可以規模複製，但外部卻無法輕易複製事業核心技術。

能隨時掌握客戶需求與主客群的變動，搞清楚客戶在乎我們的價值是什麼，也就能根據市場定位與區隔，找出你的相對優勢位置。策略定位很重要，整體思路就是要從市場機會與核心競爭力，找到企業安心立命的優勢舞台、切入方式與管道。

突破，就是要找出市場的破口切入。並藉由複製的能力，提高規模與效率，才能累積突破的厚實力量，形成企業的動態核心競爭力。任何有助於企業突破的方案評估，都別忽略要做好財務分析、資金需求評估與風險分析，才不會對方案的可行性，有過度樂觀的評估。

獲利突破思維

首先要先能在財務上穩住損益狀況，掌握現金流量，確保短期的內部資金進出能穩定因應。此外，也要預留足夠資金在後續組織變革與改善投資上。若在企業已虧損的狀況下創新，要以提高市場競爭力，爭取現有市場大餅為主。但若本業獲利不錯，資金存糧也夠，方有能力發展破壞式創新的獲利策略。

突破策略的重點，在於拉出獲利空間，讓企業能擁有如價格優勢、銷售量擴大、增加毛利額、提高產能規模與費用效率等經營利基。其次，是發展資產負債表上的項目。如提高品牌等無形資產價值、資產周轉率，或運用好債的財務槓桿，來賺取更多利潤。

要設定高挑戰性的獲利目標，而於日常營運時，營業收入所得的現金，要優先扣除獲利目標後，剩下的現金才用來分配支應經營過程中的成本與費用。這除了考驗獲利營運模式是否真的可行，也是考驗經營獲利的企圖心。更是逼企業轉型突破，歸零用心審視營運效益與效率。很殘酷，卻也很真實有效。

顧問提醒

在創新中，找到企業的突破新機會。
在複製中，累積企業的核心能力。
經營者與團隊的無限潛能，就展現在事業發展的突破中！

第七道
功法

逆境轉型

心法〈失敗〈歸零〈糾結〈重生

第31關
掌握五大經營心法，從不景氣中找到商機

不景氣中，倒店、公司倒閉與大量裁員，這都是媒體上頻繁出現的殘酷報導，這更狠狠打中很多經營者的脆弱心靈。「不景氣」這三個字，像個詛咒一樣，讓很多人倒下一次後，就趴著爬不起來。都賺不到錢？錢都到哪去了？其實，錢沒有不見，只是都在不同的地方，以不同形式存在。

請記住：

你不是沒生意，只是生意被更有實力的人搶走了。

你不是沒工作，只是工作被更有能力的人替代了。

你沒生意，是因為你還在沿用過去景氣大好時的舊觀念與舊方法。

你沒生意，是因為你每天都在做白日夢或應酬鬼混，沒有刻苦學習與成長精進。

不景氣，對某些人來說，其實是好消息。它也代表著市場將會大洗牌、產業會大翻轉的時代降臨了。以前你沒機會做的生意，現在都可能會釋放出來，讓你有機會去挖掘出來，用新方法或開發新商品來滿足市場新的需求。恭喜，屬於你的時代也來臨了！

無論是什麼行業，面對大環境不景氣的正確心態、策略與努力，經營本質上，其實都差異不大。

正確心態

不景氣？相信，你就先輸了！相信什麼，觀念是什麼，你的行為與行動就會呈現什麼。你用負面的心態，當然會看到不景氣，但卻也有樂觀的人，能看到不景氣中隱藏的商機。商品會變、需求會變、市場會變、理論會變，但人性本質從不變！

做生意的原理原則，幾千年也一樣沒變。管它景氣不景氣！你更需要的是深刻反省，在面對不景氣，你是開名車、住豪宅、品酒應酬與戴名錶，或是願意反省思考、投資腦袋、學習精進且朝著目標努力行動？記住商場前輩說的名言：「沒有不景氣，只有不爭氣！」

你怕什麼、擔心什麼？若你不了解自己，不相信自己，不知道自己的能與不能，不能掌握周遭環境的變化，對人生目標沒有強烈企圖心的人，自然就沒有勇氣。**一個敢於正視內心恐懼與脆弱的人，才會成為一個優秀強大的經營者！**景氣好，你容易賺到的錢，多數是機會財。而不景氣，就真的要比誰有真本事了。

因應策略

商場上，唯一的王道是「實力」。最重要的事情，是客戶的事情。這是生意人的基本，無論景氣好壞！要更專注在客戶價值的改變，找出創新滿足的方式。別老想追逐市場流行，用心聚焦耕耘自己的一畝三分地，比較實在。

不管景氣好壞，「客戶」與「人才」是你最好的投資標的物。景氣再差，都不能對你的客戶跟好員工差！你每週花多少時間在思考客戶價值、拜訪客戶、討論更有效的滿足方式？好的人才，都會留給好的經營者，你自問是好的經營者嗎？

不景氣中，「擁抱風險」的能力，決定經營者的實力。沒有風險與壓力的生意，多數不是好生意！企業的體質要夠精實，花點時間帶領組織再次變革與創新。做好成本控管、人才培訓、營運管理與彈性因應。也別抱怨怎麼那麼多事情要做，這些都是你以前景氣好時，本來就該做好的事。

努力與毅力

持續努力與堅持的毅力，其實反而是經營者在不景氣中最艱難的事情。它是經營者的心法，不是管理方法，心法遠比方法難多了。變革調整組織的過程中，你要取捨與聚焦對的目標，才能集中資源去打破市場困境。日復一日，無時無刻去找方法找答案。錯了？沒關係，就再試一次，直到你找到為止。

不景氣會多久？不知道。但你一定要有打長期抗戰的準備，相信自己，全身投入，用不成功便成仁的態度與勇氣去面對它。時間要用在對的地方，多跟對的人相處。找對員工、股東、廠商與夥伴，少跟悲觀愛抱怨的人鬼混。

不景氣五大心法

1. 爭氣不鬥氣
2. 實力是王道
3. 客戶擺第一
4. 請擁抱風險
5. 能吃苦煎熬

多數隱藏的機會，都在吃苦煎熬中得到！企業體質的精實磨練，需要用心專注在關鍵細節中琢磨。因應不景氣的變革中，經營者在心智、情感面與挑戰上要面對的苦痛壓力，其實都是正常的。唯有先戰勝你自己，你才能真正戰勝市場。

顧問提醒

前面一片黑，找不到希望的盡頭？千萬要再堅持下去。黎明前的黑暗，總是令人感覺比較黑，也比較久。熬過就好，不是嗎？

第32關

經營「失敗學」：從挫折中累積成功的機會

「陳老師，我的公司都快不行了。這兩年啊，商品的銷售狀況一直不好。產品都鋪了好幾個通路，也高薪找了幾個業務。但就算給高額獎金也是沒用啊，業績還是沒有太大起色。業務員來來去去的，流動率超高。」

「有啊，我自己也常去社團參加講座、聽演講，尤其是那些成功企業家的經驗分享，連有名的成功學培訓營，也花了不少錢去上課啊。但是，回到公司經營企業時，那些觀念的東西，還是不能改變什麼啊。」

Robert三年前從國外留學回來，接手老爸的傳產事業，轉往科技文創發展。公司開幕的時候，風風光光。新產品剛上市時，搭上市場上的文創風潮，剛開始每個月還有點銷售量。但現在看到的每月營收數字，卻是每況愈下，年輕團隊的士氣是一蹶不振。模仿成功，可能離成功更遠。**想成功，真正該學的不只是成功學，而是「失敗學」。**

經營失敗

絕大部分的人，都想經營成功。失敗的挫折感、週遭的觀感與社會的價值觀。讓大家都不想失敗，碰到失敗就難過、閃躲。一般經營者的心不夠強，就容易被外界影響。優秀的經營者，對失敗的定義與教科書不同。失敗，其實只是「暫時的挫折」。

失敗的定義，在於挫折後靜止不動，不願再嘗試了。失敗，往往是指「心」的失敗。市場環境如波浪起伏，熱門產品與產業一直不斷在變，「熱門與主流」只是週期上的一段時間，大概都在十年上下。站上舞台不是難事，起伏之間，站多久才是問題。經營的時間軸上，有機會就有風險。有成功，自然就有失敗。

經營，勝敗本一體。經營者要有目標感，丟掉得失心。沒有負面的情緒，凡事都樂觀且積極去看待。**現在的敗，累積未來的勝。掌握失敗之處，化挫折為力量，方能累積成功之因。**接受失敗，記取教訓，成功往往卻又在不遠處。

魂與形

企業的「形」，花錢就有，容易複製。經營團隊的「魂」，卻難以量化掌握，需要靠挫折與困難，來鍛鍊與滋養。如同產品的美學設計，能模仿的往往都只在表象的流行。而創作者的內涵理念、態度、用心與價值觀，才是真正的有價之處。外型之美，可以模仿；內涵的魂，難以複製，卻也才能呈現真正的體驗與撼動人心的感動。

存貨、設備、廠房與店面，都是企業的形。只要花大錢可以買到的有形資產，競爭價值有限。而有魂的資產，如文化、品牌、理念、態度與團隊精神，有錢都難以買到。而這些企業的無形資產，這些都是在經營的挫折中，日積月累而來。你可以抄襲成功的「形」，但「魂」卻只能靠失敗累積。

複製來的成功，是老天爺給的恩惠。來得快，去得也快。挫折失敗累積的實力，會真正內化在企業中，才能掌握真正的長期成功。成功的表象價值，永遠不如經營者內省後累積的經營能力。經營者的魂，呈現在有生命的商品形。魂若能感動人心，商品在消費者心中的價值自然就會提高。

北極星	信念、責任、夢想與目標
形	存貨、設備、廠房與店面
魂	文化、品牌、理念、態度與團隊精神

經營導航儀

一般的經營計畫書與商業模式上能表達出來的內容，都是靜態的。價值，存在於經營團隊對公司在市場價值的態度、用心、資源投入與能力貢獻上。經營初學者，一開始都非常在意這些經營表象的形。複雜美觀的形，看似合理。卻是靜態無魂，只能擺著好看。

商場上的價值與競爭，是動態的。唯有掌握市場價值的變化，才能長期獲利。一筆生意不成，不過是銷售成功率三成中的一次挫折。創新商品在通路賣不好，沒關係，還有那麼多通路可以談。真的還不行，就自己下來創建銷售通路，賣出自己的價值。經營者，鬥志不鬥氣，短暫的成敗不重要。商場經營，就是要比比看，誰的氣夠長，堅持得夠久。

商場上的經營，如在風浪起伏中的大海航行。信念、責任、夢想與目標，都是經營者心中的北極星，在黑夜大海中，宛如一盞明燈。外面風浪雖大，擔任船長的經營者，心中卻風平浪靜。如淡定的禪僧，經營勝敗的節奏，早已了然於胸，掌握手中。

顧問提醒

成功很難複製，因為天時與人心難測。
失敗可以借鏡，因為能累積成功的實力。
經營的「失敗學」，遠比成功學重要。

第33關 用歸零的心，找尋企業新價值

「我過的橋，比你吃的鹽還多。聽我的啦，保證不會錯。美式餐廳的廚師，就是要這樣做啦。這是慣例，你年輕人不懂啦。」張老大是這個美式餐飲新品牌的主廚，總是倚老賣老，不接受市場的變化。偏偏他又是股東，令第一線的同仁苦不堪言。

黃總是個國外留學的碩士，公司是做智慧財產權方面的商標申請與授權。前幾年，靠著前任合夥人的人脈與資金，勉強還混得可以。這兩年，智財的知識日益普及，而相關官方服務流程也變得更簡單容易，加

上不景氣，業務量大幅下滑。死腦筋的他，卻還是堅持舊有業務開發方式，死守不放。

不景氣，無論是市場被搶占、產品上市不利、核心員工流失、資金周轉不順或財務虧損。這時，歸零是帖良藥。心靈歸零、人生歸零、市場歸零，把一切都先回到基本。**歸零，以積極樂觀的心態，企業不但要尋找新機會與新舞台，經營者更要重拾熱情與初衷。**

你該相信什麼

不少有豐富經驗的傳統產業前輩，無法隨著環境去歸零轉換。豐富的過去，往往卻變成沉重的包袱，讓他無法接受自己所在多年的產業或經驗，價值逐步消逝的現實。更不願歸零思考，重新找到企業在市場存在的新競爭價值。市場價值的轉變，有時不是不再存在，往往是換另一個方式呈現。

一些落寞產業的大老，總愛說以前過什麼樣生活，以前客戶怎樣，以前我的業績多好。以前又以前，總是談以前。而年輕的菜鳥卻反而在空想未來，過度正面看待。人性，本容易陷入「橫看成嶺側成峰，遠近高低各不同，不識廬山真面目，只緣身在此山中」的主觀意識，以及「瞎子摸象」的偏見中。

你的所見所知，到底是真相，還是你主觀解讀後的假相？要打破慣性，拿掉框架，要用心眼從不同的視角、距離與高度來看與感受。舊戲就一定會重演？未來就一定是過去的延伸？凡事別預設立場，記得隨時要歸零。該相信的是，你真正歸零之後，沒有框架且沒有預設立場的心，才能真正了解掌握市場客戶的需求。

形勢與定位

外界的真實狀況，是「形」。要客觀的了解與掌握，不要任意貼標籤。別騙自己，也別人云亦云。在商場上要客觀去審視「價值」的真實，而不是在你過去經驗中累積的價值認定。商場上的價值力量，往往是此消彼長，不斷的起伏變動。這些力量的相對，是「勢」。

物以稀為貴，價值是相對的，是比較出來的。選擇的多寡，讓價值在客戶主觀的認定中起伏不定。要用歸零的心態，去審視周邊的環境。或許你過去沒注意到，或許因為過去的成功，而被你刻意忽略

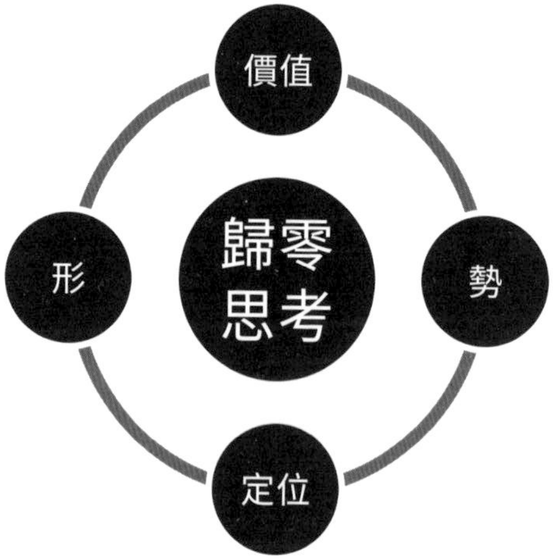

了。或許，其實你好幾次輕易讓「市場價值」從身邊跑掉了。

價值，不單指你的能力。重要的是，需要有一個可以放大你強項的舞台與上台的機會。在對的時間，有對的機會，在一個對的舞台，扮演好對的角色。當你順著天賦與熱情去發揮，價值自然不凡。定位，其實是門大學問。

找回你自己

在商場的紅塵俗世中，你是否早已迷失自己？或還是堅持著自己的理念與價值觀？你的存在價值，別只靠世俗中的認定，該戰勝的對手，其實就是你自己。要找到經營者的天賦與熱情、找到企業的強項與舞台。**不景氣中的最優先策略，其實就是先歸零，找回你自己**。

別被外部的事物，綑綁住你的內心，要靜下來審視自己的理念、價值觀、天賦、夢想、渴望與人生目標。成功要歸零，挫折要歸零，經營的心更要歸零。每天都要用歸零的心，每天都是新的一天。佛說，過去心不可得，未來心不可得，你只能掌握當下。

歸零的難，往往是因為知道太多、經驗太多、成功太多，也自滿太多。心裡背著太多包袱，很難重新往前走。別再徘徊猶豫的空等，歸零是行動與改變的開始。做出行動，勇敢邁出改變的第一步，重新觀察體悟你親身經歷的市場現況，重新創造企業的市場真價值。

顧問提醒

歸零，是心的修煉。歸零，才有新機會。
歸零，代表著你開始願意擁抱無限的可能未來。
歸零，將會給你的心，帶來新的心力量。

第34關 停止抱怨與糾結，轉型該考慮哪些面向？

「老師，公司在我爸媽手上經營到現在，都已經三十幾年了。這兩年正積極轉型，想往自有文創品牌發展。不過，現在比起以前的傳產出口業績，當然還差很多啊。」二代的浩光，這兩年回到家族企業裡工作，負責轉型後的新創事業部門。

「不只是法式餐廳，我們是在經營一個高資產與高收入族群的社群平台。除了餐飲，還整合更多的時尚品牌、投資與藝術經紀等等進來。」不少高價餐廳因景氣差，而辛苦慘淡經營，甚至去發展吃到飽的低成本策略。但張經理公司的老闆把餐廳做了新市場定位，這一年來也發展得有聲有色，前景看好。

經濟再不好，永遠有企業賺錢。景氣再不好，永遠有人拿高薪。但別因為賺錢拿高薪的不是你，而抱怨不停。若你只會抱怨，將來有機會上去的人，也應該不會是你！**無論是企業或個人，轉型的準備，只能早，不能拖。**轉型一定有風險，也需要時間累積，更沒有保證一定贏的。

轉型的問題

市場會改變，客戶會改變。市場上唯一不變的，就是變。而企業組織裡，最該優先改變的人，往往就是經營者。市場起伏浮沉，本是正常。當你到高點，也可能會掉下來。深陷谷底，哪天也可能會再拚上去。無論是高點或低點，你都該要有戒慎恐懼與蹲深跳遠的心理準備。

多數經營者都知道別當那隻被溫水煮熟的青蛙，卻還是習慣待在舒適區。心裡會暗暗擔心，但卻總不願意踏出那改變的第一步。看到一堆人跟你一樣待在溫水裡，除了充滿無力感之外，你還願意做什麼？肯承擔風險，比別人早一步去嘗試嗎？怕輸，就更會輸。想贏，就不怕輸。

別把你企業的發展問題推給政府。政府，有逼你公司不要努力精進嗎？也別以為，誰該對你的薪資問題負責！有誰強迫你不要進修精進或累積實力嗎？干別人什麼事？賺錢是你英明，虧錢是人家對不起你？該承擔這些問題責任的人，就是你自己！

正確的觀念

一家企業有沒有發展的潛力，其實很好診斷。專業顧問只要詢問經營者：貴公司現在碰到艱困與難題，你認為誰該負責？若答案是政府、同業或員工，那就不用再往下談了，一位經營者若連反省都不會，哪來什麼發展潛力？你必須先接受現況問題，再深切去反省自己。

安逸久了，少了風險，自然就少了發展的機會。想要有開始，你需要重新學習如何「勇敢」。真正的勇敢是，哪怕你不會，不知道會不會成功，但為了理想與目標，都願意彎腰去努力探詢市場上的任何可能機會。哪怕只有一絲絲小機會，你都願意去努力學習嘗試。

停止抱怨、停止責怪，也請停止後悔。無論好壞，先學會接受現況。要用客觀積極的態度去面對，也請隨時提醒自己：大市場會飽和，但我的市場永遠不會飽和。景氣會變差，但我們公司的業績不會變差。

該如何轉型

轉型，要先從市場出發。用心在真實的市場，敏感察覺消費者的需求與價值改變。別被行業定義框住你，誰說手機一定需要按鍵？誰說時尚一定很貴？誰說咖啡市場已經飽和？產品與服務型態會變，但只要掌握住客戶的核心需求與價值，永遠別怕市場沒機會。

轉型，也要從核心擴張。多花點時間去挖掘你自己、公司內部強項與隱性資產，也要盤點手邊資源與人脈圈。你總有些東西跟人不同，去想辦法挖出來。你的新產品與服務要專注在目標客群的價值創新與累積，用業績去證明你確實能掌握市場客群的需求。

經營者要找到自己內心裡，非轉型不可的理由。要破釜沉舟，給自己未來的夢想憧憬與具體目標，並找到激發自己重新再戰的理由與動機。知易行難，知道跟願意實際去改變，是兩碼事。永遠都有可能，永遠都有機會，你必須要用行動實踐，去證明你的想法。

轉型五面向

1. 擁抱風險與價值
2. 從市場出發
3. 從核心擴張
4. 非轉不可的理由
5. 行動力的實踐

顧問提醒

知道，不會改變什麼。

只有對目標有意義且有價值的實際行動，才會激起真正的改變。

你的轉型潛能，是在追求卓越目標的過程中，被不斷激發出來的！

第35關 逆境重生的經營者

「老師啊，去年我們產業景氣超差的，我也賠了好幾百萬了。哎，像我們這種小公司哪那麼容易賠得起啊，要不是還有房子可以抵押貸款，公司去年就倒了。現在壓力大到每晚要吃安眠藥才能睡著。」做電子零件代理商的張總跟我哭訴半天。

跟研究所同學一起創業，在公司帶領研發部門的Ryan說：「創業這三年的業績一起沒太大起色，我們研發部門每天加班拚命開發產品，但業務部門的業績還是沒太大起色啊，真不知道公司還能撐多久。」

多數中小企業會倒閉的三個主要原因，分別是：業績不好、資金不足或團隊太差。這些問題，不但很容易耗盡企業的活力，更會消磨領導層的希望。在企業經營面臨低氣壓時，要比的是經營者的心志力量，比的是能不能「熬」。撐到一線生機出現，重新站起來，成為逆境重生的經營者。

萬法唯心

萬物萬事的本質，其實沒有好壞對錯，定義都是人給的。**你的心，決定一切事物的價值高低、機會或風險、順境或逆境。**生老病死、物換星移、陰晴圓缺都是自然的本性。萬法唯心造，當領導者的心是正向積極且堅強的，任何逆境都因你的心境轉換，更變得價值不同。

逆境中，才可以看到人間百態，知道七情六慾的內外本質，也才會有機會通透理解自己。面對逆境，你可以選擇隨波逐流的墮落，每日唉聲嘆氣，千錯萬錯就是你自己沒錯。或是，也可以選擇反省自己，在過程中重新學習，積蓄能量，等待向上的機會。

學會逆境中的思維：先「接受」與「放下」，再進而「面對」與「前行」。不管發生任何事情，萬事萬物中，須理解「唯一不變的就是變」這條真理。你只能選擇接受一切事實，全然在心裡放下，而非怨天尤人。未來不可知，機會還更多。你只需要放開心胸，積極去面對未來。

逆境中的蛻變

身處環境條件再差，機遇再不好，沒關係，就是要想辦法熬過去。在低潮中，努力去找可能

的一點點機會，借力使力去重新帶動企業成長。把每個阻礙的力量，化為成長的動力。吃苦當吃補，一點都不假。往逆境前行去，就可淬煉團隊的實力與心志。**方法可變、路徑可改，唯有理想目標要堅持不變。**

成長，就是在逆境中突破限制。順境，讓你資源永遠夠用，永遠可以輕鬆應付挑戰。但是，你就會永遠是你，永遠都是現在的你。在未來，你還是會留在過去的

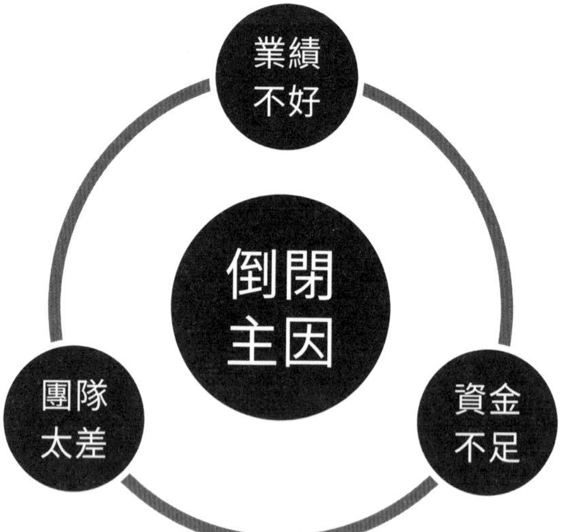

你。無法蛻變、成長、昇華。你，還是你，現在哀怨的你，還期望事事順利嗎？有逆境，其實老天爺對你真的也不錯。

能量是擠出來的，潛能是逼出來的。你的潛能，無人可知。你的潛力，無人可擋。誰知道老天爺給你的天賦與天命極限到哪？這只能等你自己去證明出來。碰到逆境，只要心境轉變，視角改變，你就會發現，原來：「山窮水盡疑無路，柳暗花明又一村。」

可貴的一線生機

逆境時，需要的是一線生機，甚至只是一絲絲都好。多糟的逆境，就會連結著多大的機會。福禍相倚，你的一顆初心該堅持不變。想像一下，在黑暗中跌跌撞撞行走，再辛苦你都要撐著往前走。總會讓你尋覓到那一絲光源的出口，光明美好就在另一端等你。

「行到水窮處，坐看雲起時。」用這樣豁達的心態，勇敢去面對一切困難。**價值，需要優勢舞台與上台的機會，才能放大實現。再成熟的競爭市場，也會在物換星移中，出現突破口。**眼光遠大，但要腳踏實地。你只需要從一個一個客戶開始累積，而不是寄望在複雜難懂的行銷計畫書與商業模式。

孟子說：「天將降大任於斯人也，必先苦其心志，勞其筋骨，餓其體膚，空乏其身，行拂亂其所為，所以動心忍性，增益其所不能。」讓經營者感覺最痛苦的，其實不是逆境。而是當大機會來時，你沒有足夠的實力去掌握，只能看它像掌中細沙一樣不斷流逝。

顧問提醒

逆境重生，不難。

你需要的只有了解掌握市場，培養堅強實力，還有那一絲絲的生機與拚勁就夠了。加油吧！

實用知識60

品牌成長的7道修煉

打破停滯×逆境轉型×獲利突破，成功布局未來

作　　者：陳其華
資深編輯：劉瑋
校　　對：陳其華、劉瑋、林佳慧
視覺設計：洪偉傑
寶鼎行銷顧問：劉邦寧

發 行 人：洪祺祥
副總經理：洪偉傑
副總編輯：林佳慧
法律顧問：建大法律事務所
財務顧問：高威會計師事務所
出　　版：日月文化出版股份有限公司
製　　作：寶鼎出版
地　　址：台北市信義路三段151號8樓
電　　話：（02）2708-5509　　傳真：（02）2708-6157
客服信箱：service@heliopolis.com.tw
網　　址：www.heliopolis.com.tw
郵撥帳號：19716071 日月文化出版股份有限公司

總 經 銷：聯合發行股份有限公司
電　　話：（02）2917-8022　　傳真：（02）2915-7212
製版印刷：禾耕彩色印刷事業股份有限公司
初　　版：2019年1月
定　　價：350元
I S B N：978-986-248-788-4

國家圖書館出版品預行編目(CIP)資料

品牌成長的7道修煉：打破停滯×逆境轉型×獲利突破，成功布局未來／陳其華著.-- 初版.-- 臺北市：日月文化，2019.01
256面；14.7x21公分.--（實用知識；60）
ISBN 978-986-248-788-4（平裝）

1.企業經營 2.企業管理

494　　107023257

日月文化集團
HELIOPOLIS
CULTURE GROUP

客服專線 02-2708-5509
客服傳真 02-2708-6157
客服信箱 service@heliopolis.com.tw

廣告回函
台灣北區郵政管理局登記證
北台字第 000370 號
免貼郵票

日月文化集團 讀者服務部 收

10658 台北市信義路三段151號8樓

對折黏貼後，即可直接郵寄

日月文化網址：www.heliopolis.com.tw

最新消息、活動，請參考 FB 粉絲團

大量訂購，另有折扣優惠，請洽客服中心（詳見本頁上方所示連絡方式）。

大好書屋　寶鼎出版　山岳文化

EZ TALK　EZ Japan　EZ Korea

大好書屋・寶鼎出版・山岳文化・洪圖出版　EZ叢書館　EZKorea　EZTALK　EZJapan

日月文化集團
HELIOPOLIS
CULTURE GROUP

感謝您購買 品牌成長的7道修煉：打破停滯×逆境轉型×獲利突破，成功布局未來

為提供完整服務與快速資訊，請詳細填寫以下資料，傳真至02-2708-6157或免貼郵票寄回，我們將不定期提供您最新資訊及最新優惠。

1. 姓名：＿＿＿＿＿＿＿＿＿＿　　性別：□男　□女
2. 生日：＿＿＿＿年＿＿＿＿月＿＿＿＿日　　職業：
3. 電話：（請務必填寫一種聯絡方式）
   （日）＿＿＿＿＿＿（夜）＿＿＿＿＿＿（手機）＿＿＿＿＿＿
4. 地址：□□□＿＿＿＿＿＿＿＿＿＿
5. 電子信箱：＿＿＿＿＿＿＿＿＿＿
6. 您從何處購買此書？□＿＿＿＿＿＿縣/市＿＿＿＿＿＿書店/量販超商
   □＿＿＿＿＿＿網路書店　□書展　□郵購　□其他
7. 您何時購買此書？　年　月　日
8. 您購買此書的原因：（可複選）
   □對書的主題有興趣　□作者　□出版社　□工作所需　□生活所需
   □資訊豐富　□價格合理（若不合理，您覺得合理價格應為＿＿＿＿）
   □封面/版面編排　□其他＿＿＿＿＿＿＿＿＿＿
9. 您從何處得知這本書的消息：□書店　□網路／電子報　□量販超商　□報紙
   □雜誌　□廣播　□電視　□他人推薦　□其他
10. 您對本書的評價：（1.非常滿意 2.滿意 3.普通 4.不滿意 5.非常不滿意）
    書名＿＿＿＿ 內容＿＿＿＿ 封面設計＿＿＿＿ 版面編排＿＿＿＿ 文/譯筆＿＿＿＿
11. 您通常以何種方式購書？□書店　□網路　□傳真訂購　□郵政劃撥　□其他
12. 您最喜歡在何處買書？
    □＿＿＿＿＿＿縣/市＿＿＿＿＿＿書店/量販超商　□網路書店
13. 您希望我們未來出版何種主題的書？＿＿＿＿＿＿＿＿＿＿
14. 您認為本書還須改進的地方？提供我們的建議？

預約實用知識，延伸出版價值